Test y ejemplos de cálculo de gas categoría B

7.ª edición

7.ª Edición - 2025

6.ª Edición -2024

5.ª edición- 2020

4.ª edición - 2018

3.ª edición - 2015

2.ª edición - 2013

1.ª edición - 2007

© 2025,   Editorial Cano Pina

www.canopina.com

ediciones@canopina.com

ISBN: 978-84-18430-95-4

DL MU 725-2025

Impreso en España

Portada: utilización de imágenes y vectores de Canva

Índice

Prólogo

En este texto se ha recopilado material de repaso para los alumnos que se están preparando el examen teórico de instalador de gas categoría B.

Pretende ser una ayuda y un complemento al libro Normativa para Instaladores de Gas categoría B con resumen de normas UNE, publicado por la misma editorial Cano Pina.

Contiene numerosos test para repasar los contenidos del reglamento y sobre todo de las diferentes normas UNE que aparecen referenciadas en los requerimientos normativos para el instalador de categoría B. A continuación de este bloque también se incluyen test de repaso global como si fueran de examen.

Por último se incorporan ejemplos de cálculo más usuales.

NOTA

Busca el libro en nuestra página web www.canopina.com y descárgate el solucionario

TEST N.º 1 · Reglamento técnico de distribución y utilización de combustibles gaseosos y sus instrucciones técnicas complementarias ICG

1. ¿Cuándo se aprobó el Reglamento técnico de distribución y utilización de combustibles gaseosos y sus instrucciones técnicas complementarias?

☐ a. El 5 de noviembre de 2005

☐ b. El 28 de julio de 2006

☐ c. El 8 de agosto de 2005

☐ d. El 10 de enero de 2006

2. Este reglamento se aplicará a las instalaciones siguientes (señala la falsa):

☐ a. Instalaciones de envases de GLP

☐ b. Instalaciones de GLP de uso doméstico en caravanas y autocaravanas

☐ c. Instalaciones receptoras de combustibles gaseosos

☐ d. Instalaciones alimentadas por un único envase o depósito móvil de gases licuados del petróleo (GLP) de contenido inferior a 15 kg, conectado por tubería flexible o acoplado directamente a un solo aparato de utilización móvil

3. Una vez finalizada la instalación con proyecto y realizadas las pruebas previas con resultado favorable, así como la inspección, deberá procederse en cuanto a los certificados:

☐ a. La empresa suministradora emitirá un certificado

☐ b. El técnico competente, junto al instalador competente, emitirá un certificado

☐ c. La empresa instaladora, el director de obra y el organismo de control, emitirán el correspondiente certificado y, en su caso, el de las pruebas realizadas

☐ d. Solo se necesita el certificado del organismo de control

4. La empresa instaladora, con el conocimiento y autorización del titular de la instalación, ¿podrá solicitar al distribuidor o suministrador, un suministro de gas provisional para realizar las pruebas de funcionamiento de la instalación o de los aparatos?

☐ a. No

☐ b. Sí para el funcionamiento de la instalación, pero no para el funcionamiento de los aparatos

☐ c. Sí, tras las pruebas, y si el resultado de las mismas es favorable

☐ d. Sí, aunque haya anomalías

5. En el caso anterior, ¿a quién corresponde la responsabilidad sobre la instalación y sobre la realización de las pruebas?

☐ a. Al usuario

☐ b. A la empresa instaladora

☐ c. A la empresa suministradora

☐ d. A la empresa distribuidora

6. En las instalaciones receptoras, y como anexo al certificado de instalación que se entregue al titular de cualquier instalación de gas:

☐ a. Es suficiente y no precisa nada más

☐ b. Se entregarán, además, los manuales de los aparatos

☐ c. Se confeccionarán unas instrucciones para el correcto uso y mantenimiento de la misma

☐ d. Se entregará copia de la UNE

7. ¿Cómo se denomina el control periódico cuando se realiza sobre instalaciones receptoras alimentadas desde redes de distribución?

☐ a. Inspección periódica

☐ b. Revisión periódica

☐ c. Inspección

☐ d. Revisión

8. ¿Cómo se denomina el control periódico cuando se realiza sobre instalaciones receptoras que no están conectadas a redes de distribución?

☐ a. Inspección periódica

☐ b. Revisión periódica

☐ c. Inspección

☐ d. Revisión

9. ¿De quién es la obligación de solicitar la «Revisión periódica»?

☐ a. De la empresa instaladora

☐ b. Del titular de la instalación, o en su defecto, del usuario

☐ c. De la empresa suministradora

☐ d. No hace falta solicitarla

10. Las inspecciones periódicas de las instalaciones receptoras alimentadas desde redes de distribución por canalización, deberán ser realizadas por:

☐ a. La empresa instaladora de gas habilitada o el distribuidor, utilizanco medios propios o externos.

☐ b. La empresa distribuidora, ya sea con sus propios técnicos o a través de empresas externas autorizadas

☐ c. La empresa suministradora

☐ d. El organismo de control

11. Los profesionales gasistas que realicen actividades como instaladores de gas deberán disponer:

☐ a. De una empresa instaladora para ejercer su actividad

☐ b. Del certificado de estudios de Formación Profesional

☐ c. Del correspondiente carné de instalador

☐ d. La a) y c) son correctas

12. En la presente normativa se indican diversas normas UNE con la finalidad de adaptar las nuevas técnicas con la actualización de las citadas normas. En el supuesto de que una norma sea actualizada, ¿su aplicación es inmediata?

☐ a. Sí, una vez publicada la norma en el BOE

☐ b. No, hasta que pase un año de su publicación

☐ c. Sí, cuando así lo establezcan expresamente los Servicios Territoriales de Industria competentes en la materia

☐ d. Para que sea de aplicación se tendrá que modificar la ITC-ICG-11 por el Órgano Directivo

13. Cuando se produzca un accidente que ocasione daños importantes o víctimas, el suministrador deberá notificarlo al órgano competente de la Comunidad Autónoma, lo más pronto posible y no en más de:

☐ a. 8 horas

☐ b. 10 horas

☐ c. 12 horas

☐ d. 24 horas

TEST N.º 2 · UNE 60670. Parte 1. Generalidades

1. La UNE 60670 tiene por objeto establecer los criterios técnicos, los requisitos esenciales de seguridad y las garantías de un buen servicio de las instalaciones receptoras de gas suministradas a una presión máxima de operación (MOP) de:

☐ a. Inferior o igual a 4 bar

☐ b. Inferior a 5 bar

☐ c. Inferior a 4 bar

☐ d. Inferior o igual a 5 bar

2. A efectos de la Norma UNE 60670, se consideran instalaciones receptoras de gas en las que concurran las siguientes circunstancias:

☐ a. Que la presión máxima de operación (MOP) sea inferior a 5 bar

☐ b. Que utilicen un combustible gaseoso no incluido en alguna de las familias mencionadas en la Norma UNE-EN 437

☐ c. Los aparatos móviles alimentados por un único envase o depósito móvil de gases licuados del petróleo de contenido unitario inferior a 15 kg, conectado por tubería flexible o acoplado directamente a un solo aparato a gas

☐ d. Destinadas a la conexión de aparatos de gas cualquiera que sea la tipología y aplicación de los mismos

3. Las instalaciones receptoras pueden constar en general de tres partes:

☐ a. Acometida, acometida interior e instalación común

☐ b. Acometida interior, instalación común e instalación individual

☐ c. Instalación común, instalación individual y aparatos

☐ d. Acometida, instalación común y aparatos

UNE 437 Gases de ensayo, presiones de ensayo, categoría de los aparatos

4. Cuál es la unidad de medida del índice de Wobbe:

☐ a. kJ / m^3

☐ b. MJ / m^3

☐ c. kJ / kg

☐ d. MJ / m^2

5. El índice de Wobbe se define como:

☐ a. La relación entre el H_s y H_i de un gas

☐ b. La relación entre el poder calorífico de un gas y la raíz cuadrada de su densidad

☐ c. La relación entre el poder calorífico del gas por unidad de volumen y la raíz cuadrada de su densidad, en las mismas condiciones referenciadas

☐ d. La relación entre el Hs y la raíz cuadrada del gas considerado en condciones normales

6. Cuáles son las condiciones de referencia de un gas:

☐ a. 10 ªC y 1.013,25 mbar

☐ b. 12 ºC y 1.036a,25 mbar

☐ c. 15 ºC y 1.036,25 mbar

☐ d. 15 ºC y 1.013,25 mbar

7. Los gases se clasifican en familias, ¿cuántas familias existen?

☐ a. 1

☐ b. 2

☐ c. 3

☐ d. 4

8. Las familias de los gases se determinan en función del índice de Wobbe superior. ¿Cuál de los siguientes pertenece a la 1.ª familia?

☐ a. Ws comprendido entre 22,4 MJ/m^3 y 24,8 MJ/m^3

☐ b. Ws comprendido entre 22,8 MJ/m^3 y 39,1 MJ/m^3

☐ c. Ws comprendido entre 39,1 MJ/m^3 y 54,7 MJ/m^3

☐ d. Ws comprendido entre 22,4 MJ/m^3 y 39,1 MJ/m^3

9. ¿El propano a qué familia pertenece?

☐ a. 1.ª

☐ b. 2.ª

☐ c. 3.ª

☐ d. 4.ª

TEST N.º 3 · UNE 60670. Parte 2. Terminología

1. ¿Qué se entiende por accesibilidad de grado 2?

☐ a. Su manipulación puede realizarse sin necesidad de abrir cerradura, y el acceso tiene lugar sin necesidad de disponer de escaleras o medios mecánicos especiales

☐ b. Se precisan escaleras convencionales o medios mecánicos especiales

☐ c. Está protegido por un armario, un registro practicable o puerta provistos de cerradura con llave normalizada. Su manipulación debe poder realizarse sin disponer de escaleras convencionales o medios mecánicos especiales

☐ d. Para acceder a él hay que pasar por una zona privada o que, aun siendo común, sea de paso privado

2. Acometida:

☐ a. Es la parte de la canalización de gas comprendida entre la red de distribución y la llave de acometida, incluida esta

☐ b. Es la parte de la canalización de gas comprendida entre la red de distribución y la llave de edificio, excluida esta

☐ c. Es la parte de la canalización de gas comprendida entre la red de distribución y la llave de acometida, excluida esta

☐ d. Forma parte de la instalación receptora

3. ¿La acometida forma parte de la instalación receptora?

☐ a. Sí

☐ b. No

☐ c. Sí, si lo indica el proyectista

☐ d. No está reglamentado

4. ¿Qué es el collarín de evacuación?

☐ a. Parte del aparato tipo A destinado a la conexión del conducto de evacuación de PdC

☐ b. Parte del aparato tipo B destinado a la conexión del conducto de evacuación de PdC

☐ c. Parte del aparato tipo C destinado a la conexión del conducto de evacuación de PdC

☐ d. Parte del aparato tipo B y C destinado a la conexión del conducto de evacuación de PdC

5. Acometida interior:

☐ a. Es el conjunto de conducciones y accesorios comprendidos entre la llave de acometida, excluida esta, y la llave o llaves de edificio, incluidas estas, en el caso de instalaciones receptoras suministradas desde redes de distribución

☐ b. Es el conjunto de conducciones y accesorios comprendidos entre la llave de acometida, excluida esta, y la llave o llaves de usuario, incluidas estas

☐ c. No forma parte de la instalación receptora

☐ d. Es el conjunto de conducciones y accesorios comprendidos entre la llave de acometida, incluida esta, y la llave o llaves de edificio, excluidas estas

6. ¿Qué es un aparato tipo A?

☐ a. Un aparato de primera clase

☐ b. Un aparato con clasificación energética

☐ c. Un aparato de circuito abierto concebido para no ser conectado a un conducto de evacuación de los productos de la combustión hacia el exterior del local

☐ d. Un aparato de circuito abierto concebido para ser conectado a un conducto de evacuación de los productos de la combustión hacia el exterior del local

7. ¿Qué es un aparato B?

☐ a. Un aparato de circuito abierto concebido para ser conectado a un conducto de evacuación, puede ser de tiro natural o forzado

☐ b. Un aparato de circuito abierto concebido para no ser conectado a un conducto de evacuación, puede ser de tiro natural o forzado

☐ c. Un aparato de circuito cerrado que no puede ser conectado a un conducto de evacuación

☐ d. Un aparato con clasificación energética.

8. Condiciones de referencia para el gas y el aire, gas seco:

☐ a. Se fijan en 0 °C y 1.013,25 mbar

☐ b. Se fijan en 15 °C y 1.013,25 mbar

☐ c. Se fijan en 15 °C y 1.013,25 bar

☐ d. Se fijan en 0 °C y 1 bar

9. Aparato popular:

☐ a. Es aquel aparato que solo se puede conectar a un envase móvil de GLP de carga unitaria inferior a 3 kg

☐ b. Es aquel aparato que no se puede conectar a un envase móvil de GLP de carga unitaria inferior a 5 kg

☐ c. Es aquel aparato que solo se puede conectar a un envase móvil de GLP de carga unitaria inferior o igual a 3 kg

☐ d. Es aquel aparato que no se puede conectar a un envase móvil de GLP de carga unitaria inferior o igual a 5 kg

10. Armario-cocina:

☐ a. Aquel recinto destinado a usos de cocción y cuya anchura utilizable (lado menor) sea como máximo de 30 cm estando la puerta abierta

☐ b. Aquel recinto destinado a usos de cocción y cuya anchura utilizable (lado menor) sea como máximo de 30 cm estando la puerta cerrada

☐ c. Aquel recinto destinado a usos de cocción y cuya anchura utilizable (lado menor) sea como máximo de 50 cm estando la puerta cerrada

☐ d. Aquel recinto destinado a usos de cocción y cuya anchura utilizable (lado menor) sea como mínimo de 30 cm estando la puerta cerrada

11. ¿Qué es conducto técnico?

☐ a. Un conducto donde se alojan todas las instalaciones y solo es practicable por un técnico de la compañía suministradora

☐ b. Es un conducto continuo construido en general en las proximidades de los rellanos de un edificio, de forma y dimensiones adecuadas para contener en cada planta el o los contadores/reguladores que dan servicio exclusivo de gas a las viviendas

☐ c. Es un conducto continuo construido en general en las proximidades de los rellanos de un edificio, de forma y dimensiones adecuadas para contener en cada planta el o los contadores/reguladores que dan servicio exclusivo de gas a los locales y aparcamientos

☐ d. Es un conducto continuo construido en general en las proximidades del patio de luces de un edificio de forma y dimensiones adecuadas para contener en cada planta el o los contadores/reguladores que dan servicio exclusivo de gas a los locales

12. Conexión de aparato:

☐ a. Es el conjunto de conducciones y accesorios comprendidos entre la llave de conexión de aparato, excluida esta, y el propio aparato, excluido este. Tiene que ser rígida

☐ b. Es el conjunto de conducciones y accesorios comprendidos entre la llave de conexión de aparato, excluida esta, y el propio aparato, excluido este. Puede ser flexible o rígida

☐ c. Es el conjunto de conducciones y accesorios comprendidos entre la llave de conexión de aparato, excluida esta, y el propio aparato, incluido este. Puede ser flexible o rígida

☐ d. Es el conjunto de conducciones y accesorios comprendidos entre la llave de conexión de aparato, incluida esta, y el propio aparato, incluido este. Puede ser flexible o rígida

13. ¿Qué es un conjunto de regulación?

☐ a. Está formado por el regulador de presión, los elementos y accesorios que acompañan al mismo

☐ b. Está formado por el filtro, las llaves de corte, las tomas de presión, la tubería de conexión y las válvulas de seguridad

☐ c. Es únicamente el regulador de presión

☐ d. No es válida ninguna definición

14. Consumo calorífico:

☐ a. Es la cantidad de energía consumida por un aparato a gas

☐ b. Es la cantidad de energía consumida por un aparato a gas en una unidad de tiempo, referido al poder calorífico del gas en las condiciones de referencia

☐ c. Es el consumo volumétrico de un aparato o conjunto de ellos

☐ d. Es el consumo volumétrico de un aparato en la unidad de tiempo

15. Consumo volumétrico:

☐ a. Es el consumo de un aparato de gas expresado en m^3

☐ b. Es el consumo de un aparato de gas expresado en m^3/h

☐ c. Es el volumen de gas consumido por aparato en funcionamiento continuo en una unidad de tiempo, expresado en kg/h o g/h

☐ d. Es el volumen de gas consumido por aparato en funcionamiento continuo en una unidad de tiempo expresado en m^3/h

16. Cortatiro:

☐ a. Es la parte de un aparato a gas tipo B situada en el circuito de los productos de la combustión y destinada a reducir la influencia de tiro y a prevenir la del retroceso sobre la estabilidad de las llamas del quemador y sobre la combustión

☐ b. Es la parte de un aparato a gas tipo A situada en el circuito de los productos de la combustión y destinada a aumentar la influencia de tiro y a prevenir la del retroceso sobre la estabilidad de las llamas del quemador y sobre la combustión

☐ c. Es la parte de un aparato a gas tipo C situada en el circuito de los productos de la combustión y destinada a reducir la influencia de tiro y aumentar la estabilidad de las llamas del quemador y sobre la combustión

☐ d. No forma parte del aparato de gas

17. ¿Qué es un dispositivo de control de contaminación de la atmósfera AS?

☐ a. Dispositivo incorporado en algunos aparatos a gas que interrumpe la llegada del gas al quemador cuando el índice de CO_2 en la atmósfera sobrepasa el nivel establecido.

☐ b. Dispositivo que controla el ambiente y dispara una señal acústica

☐ c. Dispositivo que controla el nivel de contaminación ambiental

☐ d. Dispositivo que controla el ambiente y la contaminación producida por el aparato donde va instalado

18. De estos gases, ¿cuál es de la segunda familia?

☐ a. Gas manufacturado

☐ b. Gas natural

☐ c. Propano

☐ d. Butano

19. ¿Qué es una ERM?

☐ a. Estación intermedia de regulación

☐ b. Estación de medida regulada

☐ c. Estación de regulación y mantener la presión del gas y contabilizar el consumo.

☐ d. Estación reguladora de masa de gas y consumo

20. Emplazamiento peligroso:

☐ a. Espacio en el que una atmósfera de gas explosiva está, o puede estar presente en una cuantía tal, como para requerir precauciones especiales en la construcción, instalación y utilización de aparato

☐ b. Espacio en el que no se prevé la presencia de una atmósfera de gas explosiva en cantidad tal como para requerir precauciones especiales en la construcción, instalación y utilización de aparatos

☐ c. Espacio en que por la presencia de líneas de alta tensión es peligroso realizar una instalación de gas

☐ d. Espacio en el que una atmósfera de gas es explosiva

21. Garaje:

☐ a. Aquel local que puede ser destinado al estacionamiento, reparación o mantenimiento simultáneo de tres automóviles

☐ b. Aquel local que puede ser destinado solo al estacionamiento simultáneo de más de tres automóviles

☐ c. Aquel local que puede ser destinado al estacionamiento simultáneo de vehículos y cuya superficie construida sea inferior o igual a 100 m^2

☐ d. Aquel local que puede ser destinado al estacionamiento, reparación o mantenimiento simultáneo de más de cinco automóviles

22. Instalación común:

☐ a. Es el conjunto de conducciones y accesorios comprendidos entre la llave de edificio, o llave de acometida si aquella no existe, excluidas estas, y las llaves de usuario, incluidas estas

☐ b. Es el conjunto de conducciones y accesorios comprendidos entre la llave de edificio, o llave de acometida si aquella no existe, excluidas estas, y las llaves de aparato, incluidas estas

☐ c. Es el conjunto de conducciones y accesorios comprendidos entre a llave de edificio, o llave de acometida si aquella no existe, incluidas estas, y las llaves de usuario, excluidas estas

☐ d. Es el conjunto de conducciones y accesorios comprendidos entre las llaves de usuario, excluidas estas, y las llaves de aparato, incluidas estas

23. Instalación individual:

☐ a. Es el conjunto de conducciones y accesorios comprendidos entre la llave de usuario, excluidas estas, y las llaves de aparato, incluidas estas, cuando existe instalación común

☐ b. Es el conjunto de accesorios comprendidos alrededor de la llave de edificio

☐ c. Es el conjunto de conducciones y accesorios comprendidos entre la llave de acometida o de edificio, excluidas estas, y las llaves de aparato, incluidas estas, cuando se suministra a un solo usuario

☐ d. La a) y la c) son correctas

24. Instalación receptora de gas:

☐ a. Puede suministrar a varios edificios siempre que estén ubicados en terrenos de una misma propiedad

☐ b. Es el conjunto de conducciones y accesorios comprendidos entre la llave de acometida, excluida esta, y las llaves de conexión de aparato, incluidas estas

☐ c. No estarán incluidos los tramos de conexión de los aparatos y los propios aparatos.

☐ d. Todas las respuestas son correctas

25. Local técnico:

☐ a. Local o recinto destinado a acoger a los técnicos de gas

☐ b. Local o recinto destinado exclusivamente al emplazamiento centralizado de contadores y/o reguladores de gas y sus accesorios, cuya lectura y mantenimiento se realizan desde el interior del mismo

☐ c. Local o recinto destinado exclusivamente al emplazamiento centralizado de contadores, cuya lectura y mantenimiento se realiza desde el exterior.

☐ d. Local o recinto destinado exclusivamente al emplazamiento centralizado de reguladores y accesorios, realizándose el mantenimiento desde el exterior

26. Presión máxima de operación (MOP):

☐ a. Es la presión a la cual trabaja una instalación de distribución de gas en un momento determinado

☐ b. Es la máxima presión a la que la instalación puede verse sometida de forma continuada en condiciones normales de operación

☐ c. Es la presión máxima a la que se prevé puede verse sometida una instalación durante un breve instante de tiempo, limitada por los sistemas de seguridad

☐ d. Ninguna de las respuestas es correcta

27. Llave de usuario:

☐ a. Pertenece a la instalación individual

☐ b. En instalaciones individuales suministradas desde depósitos de G_P fijos o móviles, la llave de usuario no coincide con la llave de acometida

☐ c. Es la llave de inicio de la instalación común y puede interrumpir el paso del gas a varias instalaciones individuales

☐ d. Llave de inicio de la instalación individual del usuario, es el dispositivo de corte que, perteneciendo a la instalación común, establece el límite entre esta y la instalación individual y que puede interrumpir el paso de gas a una sola instalación individual

28. Llave de conexión de aparato:

☐ a. Es obligatoria en todas las instalaciones receptoras y debe instalarse siempre que se conecte un aparato a la red de gas, independientemente del tipo de instalación

☐ b. Es la llave de mando de corte que está integrada en el propio aparato a gas y que permite controlar el suministro desde el mismo equipo

☐ c. Es el dispositivo de corte, que formando parte de la instalación individual, está situado lo más próximo posible a la conexión de cada aparato a gas y que puede interrumpir el paso del gas al mismo

☐ d. Es el dispositivo de corte, que formando parte de la instalación común, está situado lo más próximo posible a la conexión con cada aparato de gas y puede interrumpir el paso del gas al mismo

29. Semisótano :

☐ a. La planta del edificio cuyo suelo se encuentra, en todas sus paredes, a un nivel inferior en más de 60 cm con relación al suelo exterior de la calle o de un patio de ventilación contiguo

☐ b. La segunda planta cuyo suelo se encuentra, en todas sus paredes, a un nivel inferior en más de 60 cm con relación al suelo exterior de la calle o de un patio de ventilación contiguo

☐ c. La primera planta cuyo suelo se encuentra, en todas sus paredes, a un nivel inferior en más de 80 cm con relación al suelo exterior de la calle o de un patio de ventilación contiguo

☐ d. La primera planta cuyo suelo se encuentra, en una pared, a un nivel inferior en más de 60 cm con relación al suelo exterior de la calle o de un patio de ventilación contiguo

30. Sala de máquinas:

☐ a. Los locales anexos a la sala de máquinas que comuniquen con el resto del edificio o con el exterior a través de la misma sala no se consideran parte de la misma

☐ b. Local técnico donde se alojan generadores de aire caliente de cualquier potencia, utilizados como parte de instalaciones térmicas, ya sea para calefacción, ventilación o climatización

☐ c. Local técnico donde se alojan los equipos de cogeneración o de producción de frío o calor y otros equipos auxiliares y accesorios de la instalación, con potencia útil nominal conjunta superior a 70 kW

☐ d. Local técnico donde se alojan los equipos autónomos de generación de cualquier potencia

31. Shunt:

☐ a. Conducto de evacuación horizontal especialmente diseñado para la evacuación de los productos de combustión de los aparatos a gas de circuito abierto conectados al mismo, o para la evacuación del aire viciado de un local

☐ b. Conducto de evacuación vertical especialmente diseñado para la evacuación de los productos de combustión de los aparatos a gas de circuito abierto conectados al mismo, o para la evacuación del aire viciado de un local

☐ c. La salida de cada planta no va unida directamente al conducto general principal, sino a un conducto auxiliar que desemboca en aquel de un recorrido vertical inferior a una planta

☐ d. El conducto general es del tipo vertical descendente, terminando por encima del nivel superior del edificio

32. Soldadura fuerte:

☐ a. Es aquella soldadura en que la temperatura de fusión del material de aportación es inferior a 450 ºC, e igual o superior a 220 ºC

☐ b. Es aquella soldadura en que la temperatura de fusión del material de aportación es igual a 450 ºC

☐ c. Es aquella soldadura en que la temperatura de fusión del material de aportación es igual o superior a 450 ºC

☐ d. Es aquella soldadura en que la temperatura de fusión del material de aportación es inferior a 450 ºC

TEST N.º 4 · Instalaciones de GLP con envases de capacidad unitaria no superior a 15 kg

1. La capacidad total de almacenamiento, obtenida como suma de las capacidades unitarias de todos los envases incluidos tanto llenos como vacíos, no deberá superar los:

☐ a. 350 kg

☐ b. 300 kg

☐ c. 250 kg

☐ d. 200 kg

2. ¿Dónde no se permitirá la instalación de envases en viviendas o locales?

☐ a. Balcones

☐ b. Sótanos o semisótanos, cajas de escalera y pasillos

☐ c. Cocinas

☐ d. Azoteas

3. Cuando los envases estén instalados en el exterior (terrazas, balcones, patios, etc.) y los aparatos de consumo estén en el interior. La instalación deberá estar provista de:

☐ a. No hace falta ninguna llave, ya que la llave del regulador realiza la función de llave de usuario

☐ b. Los envases no se pueden instalar en el exterior en ningún caso, ya que se considera una ubicación no permitida por la normativa

☐ c. Una llave de corte general en el exterior y otra en el interior de la v vienda fácilmente accesible

☐ d. Una llave de corte general en el interior de la vivienda fácilmente accesible

4. No se permitirá que en el interior de la vivienda o local estén conectadcs más de:

☐ a. Cuatro envases en batería para descarga o reserva

☐ b. Dos envases en batería y dos envases en reserva

☐ c. Un envase

☐ d. Más de dos envases en batería para descarga o reserva

5. Los envases que dispongan de válvula de seguridad, deberán colocarse siempre:

☐ a. De cualquier manera

☐ b. Los envases vacíos pueden ir en posición horizontal

☐ c. Los envases, tanto llenos como vacíos, en posición vertical

☐ d. Los envases, tanto llenos como vacíos, en posición horizontal

6. Los armarios destinados a alojar envases deberán estar provistos en su base o suelo inferior de aberturas de ventilación permanente con el exterior del mismo. La superficie libre de paso de la ventilación debe ser superior a:

☐ a. 1/100 de la superficie del suelo del armario

☐ b. 1/50 de la superficie de la pared o fondo del armario

☐ c. 1/100 de la superficie de la pared o fondo del armario

☐ d. 1/50 de la superficie del suelo del armario

7. En el interior de la vivienda, el envase de reserva, si no está acoplado al de servicio con una tubería flexible, deberá colocarse obligatoriamente:

☐ a. En el mismo local del envase de servicio

☐ b. En un cuarto independiente de aquel donde se encuentre el envase en servicio, disponiendo además de ventilación adecuada y alejado de toda fuente de calor

☐ c. En el dormitorio y alejado de toda fuente de calor

☐ d. Cerca de fuentes de calor

8. ¿Está prohibida la conexión de envases y aparatos sin intercalar un regulador?

☐ a. Siempre deberemos intercalar un regulador

☐ b. Sí, salvo que los aparatos hayan sido aprobados para funcionar a presión directa, en cuyo caso para la conexión deberá utilizarse una canalización rígida

☐ c. Sí, ya que todos los aparatos operan en baja presión

☐ d. Sí, salvo que los aparatos hayan sido aprobados para funcionar a baja presión

9. ¿Cuál es la distancia mínima entre un envase conectado y una toma de corriente?

☐ a. 0,5 m

☐ b. 0,30 m

☐ c. 1,5 m

☐ d. 2 m

10. ¿Cuál es la distancia mínima entre un envase conectado y hogares para combustibles sólidos y líquidos y otras fuentes de calor?

☐ a. 0,5 m. Si por falta de espacio, no puede respetarse esta distancia, esta se podrá reducir hasta 0,2 m, mediante una protección contra la radiación, sólida y eficaz de material incombustible

☐ b. 2 m

☐ c. 0,50 m

☐ d. 1,5 m. Si por falta de espacio, no puede respetarse esta distancia, esta se podrá reducir hasta 0,5 m mediante una protección contra la radiación, sólida y eficaz, de material incombustible

11. ¿Cuál es la distancia mínima entre los envases conectados y un hornillo o un elemento de calefacción?

☐ a. 1,5 m

☐ b. 0,3 m, con protección contra radiación, la distancia podrá reducirse hasta 10 cm

☐ c. 30 cm, sin protección contra radiación, la distancia deberá ampliarse de modo obligatorio hasta al menos 1,5 m

☐ d. 0,5 m

12. ¿Cuál es la distancia mínima entre los envases conectados, los interruptores o conductores eléctricos?

☐ a. 0,3 m

☐ b. 0,5 m

☐ c. 0,3 m, con protección contra radiación, la distancia podrá reducirse de forma segura hasta un mínimo de 0,10 m

☐ d. La que queramos, no está reglamentado

13. Las conexiones a los aparatos de consumo y a la instalación receptora se realizará de acuerdo con la Norma UNE:

☐ a. 60670 Parte 4

☐ b. 60670 Parte 5

☐ c. 60670 Parte 6

☐ d. 60670 Parte 7

TEST N.º 5 · Instalaciones de GLP con envases de capacidad unitaria superior a 15 kg

1. La capacidad total de almacenamiento, obtenida como suma de las capacidades unitarias de todos los envases incluidos, tanto llenos como vacíos, no deberá superar los:

☐ a. 350 kg

☐ b. 500 kg

☐ c. 1.000 kg

☐ d. 1.200 kg

2. La instalación de los envases se realizará normalmente en:

☐ a. Batería

☐ b. Batería, habiendo un grupo en servicio y otro en reserva

☐ c. Batería, con los dos grupos en servicio

☐ d. No es correcta ninguna respuesta

3. En las conexiones al colector deberá existir:

☐ a. Un limitador de presión

☐ b. Tubería flexible metálica

☐ c. Un regulador

☐ d. Una válvula antirretorno

4. Los envases que dispongan de válvula de seguridad, tanto llenos como vacíos, se colocarán:

☐ a. Donde podamos

☐ b. En posición horizontal

☐ c. En posición vertical y con las válvulas hacia un lado

☐ d. En posición vertical y con válvulas hacia arriba

5. ¿Se pueden invertir los envases?

☐ a. Previa autorización del órgano competente de la Comunidad Autónoma para la utilización del gas en fase líquida

☐ b. No, nunca

☐ c. Sí, sin autorización

☐ d. Siempre se colocarán en posición vertical

6. Los envases se ubicarán:

☐ a. En locales cuya planta o piso esté situado por debajo del nivel del suelo exterior, siempre que se justifique que se dispone de una ventilación adecuada y se cumplen las medidas de seguridad complementarias exigidas para evitar acumulaciones peligrosas de gas

☐ b. Pasillos

☐ c. Cajas de escaleras

☐ d. En locales en los que se encuentren instalados conductos con ventilación forzada, con modo de protección antiexplosivo y los conductos no discurran por otros locales, o bien se dote al local de un sistema de detección de fugas que actúe sobre los equipos de extracción y cierre de salida de gas de los envases

7. En el caso de que el contenido total de GLP sobrepase los 350 kg, ¿qué precauciones debemos tomar?

☐ a. Ninguna

☐ b. Separarlos a una distancia de 10 cm cada uno

☐ c. Colocaremos dos extintores de eficacia 21A-113B en el exterior de la caseta y de fácil acceso

☐ d. Colocaremos dos extintores de eficacia 21A-113B en el exterior de la caseta y otro en el interior de la misma eficacia

8. Los envases con un contenido total no superior a 70 kg se podrán ubicar en el interior del local cuando cumplan los siguientes requisitos:

☐ a. Volumen superior a 1.000 m^3, huecos de ventilación con superficie libre mínima de 1/15 de la superficie del local, que llegue a ras del suelo y protección contra incendios por medio de dos extintores de eficacia 21A-113B

☐ b. Superficie mínima de 150 m^2, huecos de ventilación con superficie libre mínima de 1/15 de la superficie del local, que llegue a ras del suelo y protección contra incendios por medio de dos extintores de eficacia 21A-113B

☐ c. Volumen superior a 1.000 m^3, superficie mínima de 150 m^2, huecos de ventilación con superficie libre mínima de 1/15 de la superficie del local, que llegue a ras del suelo y protección contra incendios por medio de dos extintores de eficacia 21A-113B próximos a los envases

☐ d. Volumen superior a 1.000 m^3, superficie mínima de 150 m^2 y huecos de ventilación con superficie libre mínima de 1/15 de la superficie del local, que llegue a ras del suelo, garantizando así una adecuada renovación del aire

9. ¿Qué superficie mínima de ventilación deberá practicarse en un local de 1.200 m³ con una superficie de 140 m² para poder ubicar un envase de capacidad inferior a 70 kg de GLP en el interior de un local?

☐ a. 9,33 m²

☐ b. Está prohibido instalarla

☐ c. 2,23 m²

☐ d. 0,50 m²

10. ¿Cuál de las siguientes afirmaciones es falsa con respecto a las «condiciones de la caseta»?

☐ a. Deberá tener huecos de ventilación en zonas altas y bajas (a menos de 15 cm del nivel del suelo y de la parte superior de la caseta), con amplitud como mínimo de 1/10 de la superficie de la misma, no pudiendo ser una dimensión mayor del doble de la otra

☐ b. Estará construida con materiales A2-S3, D0

☐ c. El piso de la caseta deberá estar inclinado hacia el exterior

☐ d. Las casetas podrán realizarse en la fachada del edificio, hacia el interior de este, siempre que la resistencia de las paredes, suelo y techo sea equivalente a la de la fachada, se guarden las medidas y condiciones de las casetas exteriores y tripliquen la superficie de ventilación directa que se exige a aquellas

11. ¿Qué superficie mínima de ventilación deberá practicarse en un local de 1.100 m³ con una superficie de 200 m² para poder ubicar un envase de capacidad inferior a 70 kg de GLP en el interior de un local?

☐ a. Está prohibido instalarla

☐ b. 18,67 m²

☐ c. 13,33 m²

☐ d. 8,28 m²

12. La distancia de los envases de contenido superior a 70 kg, tanto en uso como de reserva, con respecto a registros de alcantarillas, será mayor a:

☐ a. > 1 m

☐ b. > 1,5 m

☐ c. > 2 m

☐ d. > 3 m

13. La distancia de los envases de contenido inferior a 70 kg con caseta, tanto en uso como de reserva, con respecto a motores eléctricos y de explosión, será mayor a:

☐ a. > 1 m

☐ b. > 1,5 m

☐ c. > 2 m

☐ d. > 3 m

14. Durante los cambios de envases se tomarán las siguientes precauciones:

☐ a. No se encenderá ni se mantendrá encendido ningún punto de fuego, no se accionará ningún interruptor eléctrico y no funcionarán motores de ningún tipo

☐ b. Las instrucciones del apartado a) no serán exigibles cuando entre los envases y los elementos mencionados medie una distancia superior a 20 m si os envases están emplazados en el interior

☐ c. Las instrucciones del apartado a) no serán exigibles cuando entre los envases y los elementos mencionados medie una distancia superior a 10 m si os envases están emplazados en el exterior

☐ d. Todas las anteriores respuestas son correctas

15. Las instalaciones que consisten en un único envase de GLP de contenido igual o inferior a 15 kg conectado por tubería flexible o acoplado directamente a un solo aparato de gas móvil:

☐ a. Están excluidas de documentación y puesta en servicio

☐ b. Requerirán certificado de instalador

☐ c. Requerirán certificado de instalador y puesta en marcha

☐ d. Todas son correctas

16. Las instalaciones de envases de GLP:

☐ a. Precisan para su construcción autorización administrativa

☐ b. La empresa instaladora, una vez realizadas las pruebas y verificaciones con resultados, deberá emitir el certificado de la instalación

☐ c. En el certificado de la instalación no se reflejará la instalación de los envases de GLP y la instalación receptora

☐ d. La empresa instaladora será la responsable de la conservación y el buen uso de la instalación

17. Antes de poner en servicio una instalación de GLP, la empresa instaladora deberá realizar la prueba de estanquidad de las canalizaciones a una presión de:

☐ a. 1,5 veces la presión de operación de la instalación durante 10 minutos con aire, gas inerte o GLP en fase gaseosa

☐ b. 2 veces la presión de operación de la instalación durante 10 minutos con aire, gas inerte o GLP en fase gaseosa

☐ c. 1,5 veces la presión de operación de la instalación durante 15 minutos con aire, gas inerte o GLP en fase gaseosa

☐ d. 2 veces la presión de operación de la instalación durante 15 minutos con aire, gas inerte o GLP en fase gaseosa

18. El titular de la instalación deberá encargar a una empresa instaladora la revisión de las instalaciones de envases de GLP de potencia instalada inferior de 70 kW, coincidiendo con la revisión periódica de la instalación receptora a las que alimentan, cada:

☐ a. 1 año

☐ b. 2 años

☐ c. 4 años

☐ d. 5 años

19. Las instalaciones con un único envase de GLP de capacidad inferior a 15 kg conectado por tubería flexible o acoplado directamente a un solo aparato de gas móvil:

☐ a. La revisión no es obligatoria

☐ b. No es instalación receptora

☐ c. No necesitan ninguna documentación y puesta en servicio.

☐ d. Todas las anteriores respuestas son correctas

20. Durante la realización de las pruebas se tomaron por parte de la empresa instaladora todas las precauciones necesarias y, en particular, si se realizan con GLP (señala la falsa):

☐ a. Prohibir terminantemente fumar

☐ b. Vigilar que no existen puntos próximos que puedan provocar inflamaciones

☐ c. Purgar y soplar las canalizaciones después de efectuar la reparación

☐ d. Evitar zonas de posible embolsamiento de gas en caso de fuga

TEST N.º 6 · UNE 60670. Parte 7. Requisitos de instalación y conexión de los aparatos a gas

1. La proyección del extremo más próximo de cualquier aparato a gas de circuito abierto situado a mayor altura que uno de cocción, debe guardar una distancia horizontal mínima con los extremos del aparato de cocción de:

☐ a. 30 cm

☐ b. Si el aparato de cocción es eléctrico, no hay distancia

☐ c. 20 cm

☐ d. 40 cm, a no ser que entre ambos se encuentre intercalada una pantalla protectora

2. ¿Qué aparatos no tienen la clasificación de «Aparatos con conexión rígida»?

☐ a. Aparatos de cocción encastrables

☐ b. Aparatos de calefacción fijos

☐ c. Frigoríficos

☐ d. Aparatos de producción de ACS para uso sanitario calderas de calefacción y generadores de aire caliente.

3. En la conexión rígida:

☐ a. Se debe realizar con acero o acero inoxidable

☐ b. Se pueden conectar mecheros y sopletes

☐ c. Se puede conectar un aparato móvil

☐ d. Las uniones mecánicas de estas conexiones se deben efectuar mediante enlaces por junta plana

4. En la conexión flexible de acero inoxidable, la longitud de la conexión debe ser la mínima necesaria y en ningún caso superior a:

☐ a. 2 m

☐ b. 1,5 m

☐ c. 3 m

☐ d. 1 m

5. En la conexión flexible espirometálica con enchufe de seguridad, la longitud de la conexión flexible debe ser aquella que garantice que en ninguna circunstancia el tubo flexible pueda quedar bajo la acción de las llamas, y en ningún caso superior a:

☐ a. 60 cm

☐ b. 1,5 m

☐ c. No se exige ninguna distancia

☐ d. 2 m

6. La conexión flexible de elastómero con armadura interna o externa, se instalará de tal forma que:

☐ a. Pueda entrar en contacto con las partes calientes del aparato

☐ b. Pueda cruzar por la parte trasera de los aparatos de cocción que dispongan de hornos

☐ c. En la unión de aparatos de calefacción móviles, su longitud no debe ser superior a 40 cm

☐ d. Pueda cruzar por la parte trasera de los aparatos de cocción que dispongan de hornos, si dispone de aislamiento térmico en su parte posterior y se haya verificado en los ensayos de calentamiento del aparato que no superan los 30 ºC

7. En las conexiones flexibles de acero inoxidable corrugado con enchufe de seguridad, en la unión de aparatos de calefacción móviles su longitud no debe ser superior a:

☐ a. 80 cm

☐ b. 75 cm

☐ c. 1,5 m

☐ d. 2 m

8. Las conexiones flexibles de elastómero serán conformes a la Norma UNE:

☐ a. 53539

☐ b. 60715

☐ c. 60713

☐ d. 60 717

9. La conexión flexible de acero inoxidable corrugado:

☐ a. Puede quedar bajo la acción de las llamas

☐ b. Las uniones mecánicas se harán por junta plana

☐ c. Solo es para aparatos suministrados con GLP y mecheros

☐ d. Es para todas las familias de gases

TEST N.º 7 · UNE 60670. Parte 3. Tuberías, elementos, accesorios y sus uniones

1. El uso del polietileno queda limitado a:

☐ a. Tuberías que discurrirán por el interior de las viviendas o locales

☐ b. Tuberías enterradas o tramos alojados en vainas empotradas, cue discurran por muros exteriores, o enterradas que suministran a armarios de regulación y/o contadores, los armarios deben tener al menos una de sus paredes colindantes con el exterior

☐ c. Tuberías vistas

☐ d. Ninguna respuesta es correcta

2. Los materiales que se deben emplear en la construcción de las instalaciones receptoras son:

☐ a. Polietileno y cobre

☐ b. Cobre y acero

☐ c. Cobre, acero y acero inoxidable

☐ d. Polietileno, cobre, acero y acero inoxidable

3. La tubería de polietileno:

☐ a. Su uso queda limitado solo a tuberías enterradas

☐ b. Será de calidad PE 80 o PE 100

☐ c. Un instalador de categoría B puede emplearla, ya que puede realizar tuberías enterradas

☐ d. No se puede alojar en vainas empotradas

4. La tubería de cobre:

☐ a. Se debe utilizar en estado duro con un espesor mínimo de 0,8 mm

☐ b. Está prohibido utilizar el tubo en estado recocido y de rollo para la conexión de aparatos

☐ c. Se puede utilizar el tubo recocido y en rollo, en tuberías enterradas con un espesor mínimo de 1,5 mm

☐ d. No se pueden utilizar los accesorios de cobre para las uniones mediante presión (press-filting)

5. La tubería de acero:

☐ a. Las uniones con accesorios de fundición solo se permiten en tuberías enterradas

☐ b. Debe estar fabricada a partir de banda de acero laminada en caliente o con soldadura longitudinal conformado en frío

☐ c. Debe estar fabricada a partir de una banda de acero estirada en frío sin soldadura. Las uniones, reducción, derivaciones, cambio de dirección, etc. se realizarán solamente mediante soldadura

☐ d. Todas son correctas

6. Las tuberías vistas de cobre:

☐ a. Su espesor mínimo será de 0,8 mm

☐ b. Pueden ser de cobre recocido y de 0,8 mm de espesor mínimo

☐ c. Para tuberías enterradas tendrán un espesor mínimo de 1 mm y un diámetro máximo de 22 mm

☐ d. Serán de tubo en estado duro con 1 mm de espesor mínimo para tuberías vistas

7. Las vainas, conductos y pasamuros, ¿con qué tipo de materiales se realizarán?

☐ a. Metálicos   ☐ c. Plásticos rígidos

☐ b. De obra   ☐ d. Todas son correctas, según la función que tengan

8. Los tallos de polietileno:

☐ a. Serán de polietileno-cobre

☐ b. Permiten realizar la transición entre tramos vistos y enterrados en instalaciones receptoras

☐ c. Serán de polietileno-acero

☐ d. Todas las anteriores son correctas

9. ¿Cuál es el elemento por el cual se clasifican los conjuntos de regulación con o sin medida para instalaciones suministradas desde redes de distribución?

☐ a. En función de su tramo de entrada

☐ b. En función de su tramo de instalación común

☐ c. En función de su tramo de instalación individual

☐ d. Ninguna es correcta

10. El sistema de tubo multicapa será del tipo:

☐ a. Polímero - cobre - polímero

☐ b. Polímero - cobre

☐ c. Polímero - aluminio - polímero

☐ d. Polímero - aluminio

11. Los reguladores de MOP 0,4, MOP 0,15 caudal equivalente inferior o igual a 4,8 $m^3(n)/h$ de aire deberán ser conformes a la UNE:

☐ a. 60402-2

☐ b. 60402-1

☐ c. 60411

☐ d. A todas las UNE señaladas

12. ¿Cuál de los siguientes contadores no es conforme a las UNE?

☐ a. Contadores de paredes deformables   ☐ c. Contadores de turbina

☐ b. Contadores de aletas giratorias   ☐ d. Contadores de pistones

13. ¿A partir de qué diámetro se deben poder instalar llaves del tipo obturador esférico, mariposa u otros de adecuadas características mecánicas y de funcionamiento?

☐ a. DN 25

☐ b. DN 50

☐ c. DN 75

☐ d. DN 100

14. Conexión de contadores por tubería flexible de acero inoxidable corrugado con conexiones roscadas:

☐ a. No se puede realizar este tipo de conexión

☐ b. Se deben considerar como parte integrante de la instalación receptora con una longitud máxima de 80 cm

☐ c. Se deben considerar como parte integrante de la instalación receptora con una longitud máxima de 1 m

☐ d. Se deben considerar como parte integrante de la instalación receptora con una longitud máxima de 1,5 m

15. ¿Cuál es la longitud máxima permitida para los tubos flexibles de contadores de gas?

☐ a. 60 cm

☐ b. 80 cm

☐ c. 1 m

☐ d. 1,5 m

16. Las uniones soldadas se realizarán siempre con soldadura fuerte:

☐ a. En los tramos con MOP inferior a 0,05 bar

☐ b. En los tramos con MOP superior a 0,05 bar e inferior o igual a 5 bar

☐ c. En aparcamientos cerrados

☐ d. La b) y la c) son correctas

17. ¿Cuándo se puede utilizar la soldadura blanda?

☐ a. En todos los casos

☐ b. En los casos en que la MOP sea inferior o igual a 0,05 bar en instalaciones de uso doméstico

☐ c. En los casos en que la MOP sea inferior o igual a 0,5 bar en instalaciones de uso doméstico

☐ d. En los casos en que la MOP sea inferior o igual a 4 bar en instalaciones de uso doméstico

18. Unión polietileno-polietileno

☐ a. Se realizará por soldadura por electrofusión

☐ b. Se puede realizar por unión roscada

☐ c. Se puede hacer con colas especiales aplicando calor

☐ d. Puede ser una combinación de unión roscada y soldadura a tope

19. En la unión cobre-cobre:

☐ a. Se puede utilizar aleación cobre-plomo como material de aportación

☐ b. Se deben realizar mediante soldadura a tope

☐ c. El punto de fusión mínimo debe ser de 450 ºC para soldadura por capilaridad fuerte y 220 ºC para la blanda

☐ d. En locales de pública concurrencia las uniones se realizarán mediante soldadura blanda si la presión no excede de 0,05 bar

20. La unión acero-plomo:

☐ a. Debe llevar intercalado un manguito de aleación de cobre

☐ b. Se puede realizar en instalaciones receptoras superiores a 0,05 bar

☐ c. Queda limitada a usos no domésticos

☐ d. Se puede realizar en la unión directa

21. La unión acero-acero:

☐ a. Se realizará mediante soldadura eléctrica al arco

☐ b. Se realizará mediante soldadura eléctrica o oxiacetilénica, sea cual sea el diámetro

☐ c. Se realizará mediante soldadura oxiacetilénica

☐ d. Se realizará mediante soldadura eléctrica al arco o soldadura oxiacetilénica para diámetros inferiores o iguales a DN 50

22. La unión de cobre con acero inoxidable se efectuará por medio:

☐ a. De soldadura blanda

☐ b. De unión roscada

☐ c. No se unirá directamente cobre con acero inoxidable, se realizará intercalando un accesorio de aleación de cobre

☐ d. De capilaridad con una temperatura mínima de 220 ºC

23. ¿Las uniones acero o acero inoxidable-plomo se pueden realizar?

☐ a. Sí, para cualquier instalación con presión de servicio no superior a 0,05 bar

☐ b. No están permitidas

☐ c. Solo en casos excepcionales y justificando su uso

☐ d. Solo se pueden efectuar en ampliaciones o modificaciones de instalaciones que estén en servicio y que la presión de suministro no sea superior a 0,05 bar

24. ¿Cuál de los siguientes tipos de unión no corresponde al apartado «uniones mecánicas no desmontables»?

☐ a. Uniones roscadas

☐ b. Uniones de PVC

☐ c. Uniones de tubos multicapas mediante accesorios de compresión radial y axial

☐ d. Uniones de tubos de acero inoxidable corrugado flexible

25. En las instalaciones de suministro de gases licuados del petróleo en depósitos fijos, la canalización en fase gaseosa de las tuberías de conexión en superficie de las botellas y los equipos será:

☐ a. De acero o cobre

☐ b. Por tubo flexible

☐ c. Por elastómero

☐ d. Por PVC

26. En las instalaciones de suministro de gases licuados del petróleo en depósitos fijos, para la canalización en fase líquida. ¿Cuál será la presión máxima y la de prueba?

☐ a. $P_{máx}$ 30 bar $\quad P_{prueba}$ 29 bar $\qquad$ ☐ c. $P_{máx}$ 25 bar $\quad P_{prueba}$ 29 bar

☐ b. $P_{máx}$ 29 bar $\quad P_{prueba}$ 29 bar $\qquad$ ☐ d. $P_{máx}$ 20 bar $\quad P_{prueba}$ 29 bar

TEST N.º 8 · ITC-ICG 07. Instalaciones receptoras de combustibles gaseosos

1. ¿Qué aparatos podrán evacuar los productos de la combustión en fachadas o patios de ventilación?

☐ a. Los estancos o de tiro forzado de cualquier potencia

☐ b. Las calderas de calefacción de tiro natural potencia útil nominal igual o inferior a 24,4 kW

☐ c. Ninguno, la evacuación deberá efectuarse por cubierta

☐ d. Los estancos o de tiro forzado de potencia útil nominal igual o inferior a 70 kW, así como de tiro natural para la producción de agua caliente sanitaria de potencia útil nominal igual o inferior a 24,4 kW

2. Aquellos patios de ventilación destinados a la evacuación de los productos de combustión de aparatos conducidos en edificios ya construidos, deberán tener como mínimo una superficie en planta, medida en m², igual a (*Nota: NT es el número total de locales que puedan contener aparatos conducidos que desemboquen en el patio*):

☐ a. 1 NT, con un mínimo de 4 m²

☐ b. 0,5 NT, con un mínimo de 4 m²

☐ c. 1 NT, con un mínimo de 6 m²

☐ d. 0,5 NT, con un mínimo de 6 m²

3. En un patio de ventilación destinado a la evacuación de los productos de la combustión, si el patio está cubierto en su parte superior con un techado, ¿cuál es la superficie mínima de comunicación con el exterior?

☐ a. 35 % de la sección en planta de la cubierta con un mínimo de 8 m²

☐ b. 30 % de la sección en planta de la cubierta con un mínimo de 6 m²

☐ c. 20 % de la sección en planta de la cubierta con un mínimo de 4 m²

☐ d. 25 % de la sección en planta de la cubierta con un mínimo de 4 m²

4. Las instalaciones de calderas a gas para calefacción y/o agua caliente de potencia útil nominal superior a 70 kW, se realizarán en cuanto a los requisitos de seguridad exigibles a los locales o recintos que alberguen calderas de agua caliente o vapor, conforme a la norma:

☐ a. UNE 100020

☐ b. UNE 60601

☐ c. UNE 60002

☐ d. UNE 53539

5. En instalaciones de hasta 70 kW de potencia instalada, la inspección comprenderá:

☐ a. Desde la llave de usuario hasta los aparatos de gas, incluidos estos

☐ b. Desde la llave de usuario hasta los aparatos de gas, excluidos estos

☐ c. Desde la llave de usuario hasta la llave del aparato más alejado

☐ d. Toda la instalación interior de la vivienda

6. ¿Cuál de las siguientes instalaciones receptoras precisará de un proyecto?

☐ a. Las instalaciones individuales cuando su potencia útil sea superior a 50 kW

☐ b. Las instalaciones comunes cuando su potencia útil sea superior a 1.000 kW

☐ c. Las instalaciones receptoras que se alimenten desde redes de distribución que operen a presiones superiores a 4 bar, sin importar el tipo de uso previsto (doméstico, comercial o industrial) ni la potencia útil total instalada, debido a las mayores exigencias de seguridad y control en estas condiciones de suministro

☐ d. Las ampliaciones de las instalaciones de las cuales se haya confeccionado proyecto cuando la instalación resultante supere en un 30 % la potencia de diseño de la instalación inicialmente proyectada o cuando no se haya confeccionado proyecto, se amplía y se superen los límites indicados de las instalaciones que precisen proyecto

7. En las instalaciones individuales que no se vayan a poner en servicio en ese momento, así como las llaves de conexión de aquellos aparatos de gas pendientes de instalación o pendientes de poner en marcha, se deberá:

☐ a. Comprobar que las llaves quedan cerradas, bloqueadas y precintadas, las llaves de inicio de las instalaciones individuales

☐ b. Taponar las llaves en caso de que la instalación individual, o el aparato correspondiente, estén pendientes de instalación

☐ c. Comprobar que las llaves de conexión quedan cerradas, bloqueadas y precintadas de aquellos aparatos pendientes de instalación o pendientes de poner en marcha

☐ d. Todas las respuestas son correctas

8. En la reapertura de las instalaciones, después de una resolución de contrato, que entren de nuevo en servicio, se actuará de igual forma que en las nuevas instalaciones, tras un periodo de interrupción de suministro de más de:

☐ a. 3 meses   ☐ c. 10 meses

☐ b. 6 meses   ☐ d. 12 meses

9. ¿Quién es el responsable del mantenimiento, conservación, explotación y buen uso de la instalación?

☐ a. El instalador

☐ b. La empresa suministradora

☐ c. El titular de la instalación o en su defecto el usuario

☐ d. La empresa instaladora de gas

10. ¿Quién realizará la inspección periódica de las instalaciones receptoras alimentadas desde redes de distribución? ¿Cada cuánto se realizará?

☐ a. El instalador autorizado, cada 4 años

☐ b. Los distribuidores de gases combustibles o las empresas instaladoras habilitadas por canalización cada 5 años y dentro del año natural de vencimiento de este periodo

☐ c. La empresa instaladora de gas podrá realizar solo la revisión, cada 4 años y dentro del año natural de vencimiento de este periodo

☐ d. La empresa suministradora, cada 4 años y dentro del año natural de vencimiento de este periodo

11. En instalaciones centralizadas de calefacción e instalación de más de 70 kW de potencia instalada, la inspección comprenderá:

☐ a. Desde la llave de edificio a la llave de usuario

☐ b. Desde la llave de edificio hasta la llave de aparato de gas excluido este

☐ c. Desde la llave de edificio hasta la llave de aparato de gas incluido este

☐ d. Desde la llave de abonado hasta la del aparato incluidos estos, de cada uno de los usuarios

12. ¿Quién realizará la revisión periódica de las instalaciones receptoras no alimentadas desde redes de distribución? ¿Cada cuánto se realizará?

☐ a. Los distribuidores de gases combustibles por canalización, cada 10 años y dentro del año natural de vencimiento de este periodo

☐ b. Una empresa instaladora de gas habilitada, cada 5 años

☐ c. Una empresa instaladora de gas, cada 4 años

☐ d. La empresa suministradora, cada 4 años

13. ¿Con qué antelación mínima debe comunicar el distribuidor a los usuarios la fecha de la inspección obligatoria de la instalación?

☐ a. 15 días

☐ b. 1 mes

☐ c. 2 mes

☐ d. 3 meses

14. Si la empresa distribuidora realiza la inspección por elección del cliente, avisará con una antelación mínima de:

☐ a. 3 días

☐ b. 5 días

☐ c. 10 días

☐ d. 20 días

15. En el caso de que la inspección se detecte una anomalía principal, si no se puede corregir en el momento, ¿cómo se actuará?

☐ a. Se entregará informe de anomalías al usuario para su corrección posterior

☐ b. Se entregará un informe de anomalías al usuario para que sea corregida en un plazo de tiempo, precintando el aparato

☐ c. Se interrumpirá el suministro de gas y se precintará la parte de instalación defectuosa o el aparato afectado

☐ d. Se interrumpirá el suministro de gas y se extenderá un informe de incidencia

16. En qué consistirá la revisión periódica de una instalación receptora, no alimentada desde una red y suministrada a una presión igual o inferior a 5 bar:

☐ a. Comprobar la estanquidad de la instalación receptora, verificar la buena conservación de la misma, la combustión de los aparatos y la evacuación correcta de los PdC

☐ b. Comprobar la estanquidad de la instalación receptora, verificar la buena conservación de la misma y la evacuación correcta de los PdC

☐ c. Comprobar la estanquidad de la instalación receptora, la combustión de los aparatos y la evacuación correcta de los PdC

☐ d. Verificar la buena conservación de la misma, la combustión de los aparatos y la evacuación correcta de los PdC

17. En el caso de falta de estanquidad, considerada como anomalía secundaria, ¿qué plazo de tiempo se dará para su corrección?

☐ a. 15 días laborables

☐ b. 15 días hábiles

☐ c. 10 días laborables

☐ d. 10 días hábiles

18. ¿En quién recae la responsabilidad de la corrección de las anomalías detectadas?

☐ a. El instalador

☐ b. El distribuidor

☐ c. El titular

☐ d. En todos los anteriores

19. ¿Quién es el responsable de encargar la revisión periódica de las instalaciones receptoras no alimentadas desde redes de distribución?

☐ a. El distribuidor

☐ b. El instalador

☐ c. El usuario

☐ d. La Administración

20. ¿Qué se entiende por modificación de instalaciones receptoras?

☐ a. Sustitución de aparatos por otros de iguales características técnicas

☐ b. Cambio de material o de trazado en una longitud superior a 1 m

☐ c. Cambio de material o de trazado en una longitud inferior a 10 m

☐ d. Cualquier disminución de consumo

21. En el diseño de las acometidas interiores enterradas, qué tipo de material se puede utilizar:

☐ a. No está reglamentado

☐ b. El mismo tipo de nuestra instalación

☐ c. Se solicitará información al distribuidor del tipo de material de la red

☐ d. Puede ser cobre

TEST N.º 9 · UNE 60601. Salas de máquinas y equipos autónomos de generación de calor o frío, o para cogeneración, que utilizan combustibles gaseosos

1. ¿Cuál es su campo de aplicación de la UNE 60601?

☐ a. Locales o recintos en los que se instalen generadores de calor o frío mediante fluido caloportador a presión máxima de trabajo inferior o igual a 0,5 bar, cuya potencia útil nominal conjunta sea superior a 70 kW

☐ b. Equipos de cogeneración cuyo consumo calorífico conjunto sea superior a 70 kW

☐ c. Equipos autónomos, bien de generación de calor o frío, o bien para cogeneración, ubicados en el exterior

☐ d. Las respuestas a) y c) son correctas

2. ¿Cómo se calcula la potencia cuando en un mismo local coexisten generadores de calor o equipos de frío y equipos de cogeneración?

☐ a. Se sumará el valor de la potencia útil nominal conjunta de los primeros y el consumo calorífico nominal de los cogeneradores

☐ b. Se sumará el valor de la potencia nominal y el del consumo calorífico

☐ c. Se sumará el valor de la potencia útil nominal conjunta de los primeros y la potencia útil de los cogeneradores

☐ d. Se sumarán las potencias nominales de los generadores de calor y los equipos de cogeneración

3. En las instalaciones compartidas, cuando la suma de las potencias nominales de los generadores instalados en ellas sea superior a 70 kW, ¿dónde se instalarán?

☐ a. En una sala de máquinas

☐ b. No es necesaria sala de máquinas

☐ c. En sala de máquinas que contenga elementos exclusivos de su instalación

☐ d. Ninguna respuesta es válida

4. En un edificio de nueva construcción con gas menos denso que el aire, ¿se puede instalar una sala de máquinas en un semisótano?

☐ a. No

☐ b. Sí, si uno de los parámetros tiene una superficie de baja resistencia

☐ c. Sí, si uno de los parámetros tiene una superficie de baja resistencia, con ventilación forzada, caudal normal, sistema de detección y sistema de corte asociado este último a la impulsión y/o la detección

☐ d. Sí, si uno de los parámetros tiene una superficie de baja resistencia, con ventilación forzada, sistema de detección y sistema de corte asociado este último a la impulsión y/o la detección

5. Los equipos autónomos de cogeneración se deben instalar:

☐ a. En salas de máquinas

☐ b. En salas de máquinas exclusivas para ellos

☐ c. En el exterior de los edificios

☐ d. En salas de máquinas con otros equipos de generación de calor

6. En los equipos autónomos de generación de frío, en caso de que se sitúen en zona de tránsito de personas o bienes, se debe dejar una franja libre alrededor del equipo como mínimo:

☐ a. 0,5 m

☐ b. 0,75 m

☐ c. 0,80 m

☐ d. 1 m

7. ¿Qué se considera semisótano?

☐ a. A la diferencia entre el nivel del suelo de este y el del suelo exterior de la calle o terreno colindante que sea superior a 4 m

☐ b. La planta del edificio cuyo suelo se encuentra, en todo su contorno, a un nivel inferior en más de 60 cm con relación al suelo exterior de la calle o de un patio de ventilación contiguo

☐ c. A la diferencia entre el nivel del suelo de este y el del suelo exterior de la calle o terreno colindante que sea inferior a 4 m

☐ d. La b) y la c) son correctas

8. Con un gas más denso que el aire en el semisótano en edificio existente, ¿qué sistemas de ventilación y de seguridad se emplearán?

☐ a. Ventilación forzada y sistema de detección de corte asociado, este último, a la impulsión y/o detección

☐ b. Extracción, ventilación forzada y sistema de detección de corte asociado, este último, a la impulsión y/o detección

☐ c. Extracción y sistema de detección de corte asociado, este último, a la impulsión y/o detección

☐ d. Ventilación natural y sistema de detección de corte asociado, este último, a la impulsión y/o detección

9. Los equipos autónomos que se alimenten con gases más densos que el aire:

☐ a. Se instalarán en el interior de los edificios

☐ b. Se debe dejar una franja alrededor del equipo que garantice el mantenimiento del mismo, como mínimo de 1 m

☐ c. No debe existir comunicación con niveles inferiores, (desagües, sumideros, conductos de ventilación a ras de suelo, etc.) en la zona de influencia del equipo de 1 m alrededor

☐ d. Cuando se sitúe en zonas de tránsito, las personas no autorizadas podrán acceder al equipo

10. Las paredes y techos exteriores de la sala deben tener un elemento o disposición constructiva de baja resistencia mecánica, en comunicación directa con el exterior, patio de ventilación o patio inglés, con una superficie mínima en m^2 de:

☐ a. La centésima parte del volumen del local expresado en m^3, con un mínimo de 1 m^2

☐ b. 1 m^2

☐ c. La centésima parte de la superficie del local expresada en m^2

☐ d. La milésima parte del volumen del local expresado en m^3, con un mínimo de 1 m^2

11. La sala de máquinas debe tener un número de accesos tal que la distancia máxima desde cualquier punto de la misma al acceso más próximo sea como máximo de:

☐ a. 10 m

☐ b. 15 m

☐ c. 20 m

☐ d. 25 m

12. Las salas de máquinas que no comuniquen directamente con el exterior o con un patio de ventilación o patio inglés, ¿pueden conducir a través de un conducto la baja resistencia mecánica hacia el exterior?

☐ a. No

☐ b. Sí, dicho conducto discurrirá en sentido descendente hacia el exterior, con una pendiente mínima de 1 %, sin aberturas en todo su recorrido y con desembocadura libre de obstáculos

☐ c. Sí, con una sección mínima equivalente a la del elemento o disposición constructiva y cuya relación entre el lado mayor y el lado menor sea menor a tres

☐ d. Sí, con una sección mínima equivalente a la del elemento o disposición constructiva y cuya relación entre el lado mayor y el lado menor sea mayor a tres

13. La sección de ventilación y/o la puerta directa al exterior, ¿pueden ser parte de la superficie de baja resistencia mecánica?

☐ a. Nunca

☐ b. Sí, y si se fragmenta en varias se debe aumentar un 10 % de la superficie exigible con un mínimo de 250 cm^2 por división

☐ c. Sí, y si se fragmenta en varias, se debe aumentar un 15 % de la superficie exigible con un mínimo de 250 cm^2 por división

☐ d. Sí, y si se fragmenta en varias se debe aumentar un 10 % de la superficie exigible con un mínimo de 200 cm^2 por división

14. En el acceso de la sala de máquinas se tendrá en cuenta:

☐ a. La puerta de acceso que comunique al interior no deberá tener un vestíbulo independiente

☐ b. Se puede realizar el acceso normal a través de una abertura en el suelo o techo

☐ c. Las dimensiones mínimas de la puerta serán de 80 cm de ancho y 2 m de alto

☐ d. Las puertas de la sala de máquinas con acceso desde el exterior no tendrán cerradura con llave

15. En una sala de máquinas con quemadores que sobresalgan de los generadores, ¿cuál es la distancia mínima entre dos calderas?

☐ a. 50 cm

☐ b. 70 cm

☐ c. 80 cm

☐ d. 1 m

16. En cuál de los siguientes casos son de aplicación los requisitos de sala de máquinas:

☐ a. Generador de 71 kW

☐ b. Aparatos destinados a cocción de 100 kW

☐ c. Aparatos destinados a procesos industriales de 500 kW

☐ d. Aparatos suspendidos de calefacción por radiación

17. ¿Las puertas de las salas de máquinas pueden tener cerradura?

☐ a. Está prohibido por seguridad

☐ b. Pueden tener cerradura por ambos lados

☐ c. Pueden tener cerradura con llave desde el exterior y fácil apertura desde el interior

☐ d. Tendrán fácil apertura en ambos lados

TEST N.º 10 · UNE 60601. Salas de máquinas y equipos autónomos de generación de calor o frío, o para cogeneración, que utilizan combustibles gaseosos

1. En una sala de máquinas con quemadores que sobresalgan de los generadores, ¿cuál es la distancia mínima entre la caldera y la pared opuesta?

☐ a. 50 cm

☐ b. La longitud de la caldera con un mínimo de 1 m

☐ c. 80 cm

☐ d. La longitud de la caldera

2. En una sala de máquinas con quemadores acoplados en el interior de los generadores, ¿cuál es la distancia mínima entre una caldera y la pared lateral?

☐ a. 50 cm   ☐ c. 80 cm

☐ b. 70 cm   ☐ d. 1 m

3. En una sala de máquinas con los generadores conectados en batería, ¿cuál es la distancia mínima entre una caldera y la pared lateral?

☐ a. 50 cm   ☐ c. 80 cm

☐ b. 70 cm   ☐ d. 1 m

4. Sobre el generador siempre se respeta una altura mínima libre de tuberías y obstáculos de:

☐ a. 40 cm ☐ c. 60 cm

☐ b. 50 cm ☐ d. 80 cm

5. El interior del sistema de ventilación forzada de la sala, si existe, debe situarse:

☐ a. El interruptor general debe poder cortar la alimentación al sistema de ventilación de la sala

☐ b. Estará situado en las proximidades de la puerta de acceso

☐ c. Cuando la instalación eléctrica esté a la intemperie debe tener un grado de protección IP44

☐ d. El interruptor del sistema de ventilación forzada, si existe, se puede situar en cualquier punto de la sala

6. Cada salida de la sala de máquinas debe estar señalizada por:

☐ a. No hace falta señalizarla ☐ c. Un aparato autónomo de emergencia

☐ b. Por una señal acústica ☐ d. Un letrero indicador

7. ¿Cuál de las siguientes informaciones de seguridad no debe figurar de forma debidamente protegida en el interior de la sala de máquinas?

☐ a. Instrucciones para efectuar la parada de la instalación en caso necesario, con señal de alarma de urgencia y dispositivo de corte rápido

☐ b. Nombre, dirección y n.º de teléfono de la empresa instaladora

☐ c. Dirección y n.º de teléfono del servicio de bomberos más próximo y del responsable del edificio

☐ d. Indicación de los puestos de extinción, extintores cercanos y plano con esquema de principio de la instalación

8. Requieren salas de máquina de seguridad elevada:

☐ a. Las realizadas en edificios institucionales

☐ b. Las realizadas en edificios de pública concurrencia

☐ c. Las que trabajen con agua a temperatura superior a 110 ºC

☐ d. Todas las respuestas son correctas

9. En una sala de máquinas de seguridad elevada, ¿cuál de estas condiciones no se cumplirá?

☐ a. Ningún punto de la sala debe estar a más de 15 m de una salida cuando la misma tenga más de 100 m² de superficie en planta

☐ b. Cuando la sala tenga dos o más accesos, uno de ellos al menos debe dar salida directa al exterior

☐ c. La salida al exterior no debe estar próxima a ninguna escalera, ni a escapes de humos o fuegos

☐ d. El cuadro eléctrico de protección y mando de los equipos instalados en la sala, o por lo menos el interruptor general y el sistema de ventilación, deben situarse fuera de la misma y en la proximidad de uno de los accesos

10. Cuando se instale un equipo autónomo, se tendrá en cuenta:

☐ a. El equipo debe estar situado, sobre una bancada a más de 150 cm de cualquier pared con aberturas

☐ b. Se instalará próximo al equipo un extintor de eficacia 21A-113B

☐ c. Cuando la instalación eléctrica esté a la intemperie tendrá un grado de protección IP-55

☐ d. Todas las respuestas son correctas

11. En el interior de la sala se cumplirá en cuanto a la instalación de gas:

☐ a. En la derivación de cada generador no hace falta colocar la llave de aparato

☐ b. Se instalará una llave de corte general de suministro de gas lo más cerca posible y en el exterior de fácil acceso y localización, en caso de que no sea posible, se puede colocar en el interior de la sala, lo más cerca posible al punto de entrada de la conducción de gas

☐ c. Está permitida que la conducción de entrada de gas a la sala atraviese la superficie de baja resistencia mecánica

☐ d. Las conducciones de gas no hace falta que estén convenientemente identificadas

12. Una sala de máquinas de 120 kW de consumo calorífico total y con una superficie de 30 m², con entrada de aire para la combustión y ventilación por orificios practicados en paredes exteriores, ¿cuál será la superficie de la abertura inferior y superior?

☐ a. 400 y 250 cm² respectivamente

☐ b. 300 y 300 cm² respectivamente

☐ c. 500 y 350 cm² respectivamente

☐ d. 250 y 250 cm² respectivamente

TEST N.º 11 · UNE 60601. Salas de máquinas y equipos autónomos de generación de calor o frío, o para cogeneración, que utilizan combustibles gaseosos

1. Cuando la entrada de aire se efectúe por conducto de forma natural:

☐ a. La sección libre del conducto debe ser 1,2 la calculada por S = 20 x A

☐ b. La sección libre del conducto debe ser 1,6 la calculada por S = 20 x A

☐ c. La sección libre del conducto debe ser 2 la calculada por S = 20 x A

☐ d. La sección libre del conducto debe ser 1,5 la calculada por S = 20 x A

2. Si practicamos una entrada de aire con medios mecánicos para ventilación y combustión, ¿qué caudal aumentado de aire en m^3/h necesitaremos suministrar a una sala de máquinas con una potencia nominal de 140 kW y una superficie en planta de 40 m^2?

☐ a. 250

☐ b. 680

☐ c. 1.080

☐ d. 1.550

3. En la parte superior de la pared de los locales deben situarse los orificios de evacuación del aire interior de la sala al aire libre, directamente o por conducto, de forma que su distancia diste de su borde inferior al techo no sea mayor que:

☐ a. 15 cm

☐ b. 20 cm

☐ c. 30 cm

☐ d. 50 cm

4. En una sala de máquinas se practica una abertura inferior y otra superior por conducto suministrando aire para la ventilación y combustión, si la potencia nominal de la sala es de 80 kW y la sección total de los conductos de evacuación de los productos de la combustión es de 250 cm^2. ¿Cuál será la sección de entrada y salida respectivamente?

☐ a. 400 y 250 cm^2

☐ b. 600 y 125 cm^2

☐ c. 2.400 y 250 cm^2

☐ d. 600 y 250 cm^2

5. Una sala de máquinas con una superficie en planta de 60 m^2, ¿cuántos detectores deben instalarse en las proximidades de los aparatos alimentados con gas y en zonas donde se presuma pueda acumularse gas?

☐ a. 1

☐ b. 2

☐ c. 3

☐ d. 4

6. Los detectores deben activarse con el comprobador de buen funcionamiento antes de que se alcance el límite inferior de explosividad del:

☐ a. 10 %

☐ b. 20 %

☐ c. 30 %

☐ d. 50 %

7. ¿Cuáles son las medidas suplementarias de seguridad en las salas de máquinas?

☐ a. Ventilación forzada y sistema de detección

☐ b. Sistema de detección y sistema de corte asociado

☐ c. Sistema de detección que, en caso de fuga de gas, active un sistema que corte el suministro y un sistema de extracción que garantice la evacuación de una eventual fuga de gas

☐ d. Sistema de extracción que garantice la evacuación de una eventual fuga de gas

8. Para gases más densos que el aire, ¿a qué altura máxima del suelo se instalan los detectores?

☐ a. 10 cm

☐ b. 15 cm

☐ c. 20 cm

☐ d. 25 cm

9. El sistema de corte:

☐ a. En una válvula automática tipo todo-poco-nada en la línea de gas

☐ b. Debe ser del tipo normalmente abierta

☐ c. Debe estar ubicado siempre en el interior de la sala

☐ d. En el caso de que el sistema de detección sea activado, la reposición del suministro debe ser manual

10. El sistema de extracción para el caso de gases más densos que el aire:

☐ a. Está compuesto por un extractor de aire tipo centrífugo instalado en el exterior del recinto

☐ b. Tiene carcasa antichispas y motor con protección IP 55, externo al conjunto

☐ c. El extractor tendrá tantas bocas de aspiración como detectores

☐ d. El caudal de extracción mínimo que debe garantizarse será de 50 m³/h

TEST N.º 12 · UNE 60670. Parte 4. Diseño y construcción

1. Previo al cálculo de la instalación receptora se deben conocer los datos siguientes (señala la falsa):

☐ a. Densidad absoluta del gas suministrado

☐ b. Poder calorífico superior H_s

☐ c. Presión de garantía a la salida de la llave de acometida

☐ d. Diámetro nominal de la llave de acometida

2. En función de la potencia se establecen varios grados de gasificación, ¿cuántos son?

☐ a. 2

☐ b. 3

☐ c. 4

☐ d. 5

3. Para una potencia de diseño de 40 kW, ¿a qué grado de gasificación corresponde?

☐ a. 4

☐ b. 3

☐ c. 2

☐ d. 5

4. ¿Qué es el H_i?

☐ a. Poder calorífico inferior del gas

☐ b. Poder calorífico superior del gas

☐ c. Consumo calorífico del aparato

☐ d. Coeficiente corrector medio

5. La velocidad del gas en el interior de una tubería no debe superar:

☐ a. 10 m/s

☐ b. 15 m/s

☐ c. 20 m/s

☐ d. 25 m/s

6. ¿Cuál es la presión mínima de gas en la llave de aparato para el gas natural?

☐ a. 6 mbar

☐ b. 7 mbar

☐ c. 15 mbar

☐ d. 17 mbar

7. ¿Cuál es la presión mínima de gas en la llave de aparato para el gas butano?

☐ a. 15 mbar

☐ b. 17 mbar

☐ c. 20 mbar

☐ d. 25 mbar

8. ¿Cuál es la presión mínima de gas en la llave de aparato para gas propano? (Familia 3P (37))

☐ a. 17 mbar   ☐ c. 25 mbar

☐ b. 20 mbar   ☐ d. 42,5 mbar

9. Las tuberías según su ubicación se clasifican en (señala la falsa):

☐ a. Vistas, cuando el trayecto es visible en todo su recorrido

☐ b. Alojadas en vainas o conductos, cuando discurren por el interior de vainas o conductos

☐ c. Enterradas cuando están alojadas directamente en el subsuelo

☐ d. Al aire cuando transcurren por la fachada del edificio

10. Ubicación de tuberías (señala la falsa):

☐ a. Las tuberías de la instalación común deben discurrir por zonas comunitarias del edificio, fachada, azotea, patios, vestíbulos, caja de escalera, etc.

☐ b. Cuando las tuberías vistas deban atravesar muros o paredes exteriores o interiores, se deben proteger con pasamuros adecuados

☐ c. El paso de tuberías no debe transcurrir por el interior de locales que contengan transformadores eléctricos de potencia

☐ d. Se puede utilizar el alojamiento de tuberías dentro de los forjados que constituyan el suelo o el techo de las viviendas o locales

11. Cuál es la separación máxima entre elementos de sujeción en un tramo horizontal para DN 42:

☐ a. 1 m

☐ b. 1,5 m

☐ c. 2,5 m

☐ d. 3 m

12. La llave conexión de aparato:

☐ a. Se debe instalar para cada aparato, lo más cerca posible de él y en el mismo recinto, su accesibilidad será de grado 1 para la empresa suministradora

☐ b. En caso de aparatos de cocción, se puede instalar para facilitar la operatividad de la misma en un recinto contiguo de la misma vivienda o local privado siempre y cuando estén comunicados mediante una puerta

☐ c. Estará a 1 m como máximo del aparato

☐ d. Cuando la instalación se componga de un único aparato de consumo, suministrado desde un depósito móvil de GLP de capacidad inferior o igual a 15 kg situado en locales distintos, la llave del regulador puede hacer las veces de la llave de conexión del aparato

13. Las distancias mínimas de separación de una tubería vista a conducciones de otros servicios (electricidad, agua, vapor, chimeneas, mecanismos eléctricos), deben ser de:

☐ a. 1 cm en curso paralelo y 5 cm en cruce

☐ b. 5 cm en curso paralelo y 1 cm en cruce

☐ c. 3 cm en curso paralelo y 3 cm en cruce

☐ d. 5 cm en curso paralelo y 3 cm en cruce

14. ¿Por motivos decorativos se pueden alojar tuberías en vainas o conductos?

☐ a. No

☐ b. Sí, si es continua o bien unidas por soldadura y no tendrá órganos de maniobra en todo el recorrido de la vaina o conducto

☐ c. No está reglamentado

☐ d. Prima la seguridad a la estética y en ningún caso se puede instalar

15. Cuando las tuberías sean de cobre y discurran por fachadas exteriores, se protegerán mecánicamente con vainas o conductos hasta una altura mínima con respecto al nivel del suelo de:

☐ a. 1,5 m

☐ b. 1,8 m

☐ c. 2 m

☐ d. 2,10 m

16. ¿En qué situaciones no será necesario alojar las tuberías en vainas o conductos para ventilación?

☐ a. Cavidades o huecos de la edificación (altillos, falsos techos, cámaras sanitarias o similares)

☐ b. El interior de locales o viviendas a las que no suministran

☐ c. En un semisótano, en el caso de tuberías con MOP superior a 50 mbar

☐ d. En el caso de tuberías con MOP igual o inferior a 50 mbar de gases menos densos que el aire que discurran por un semisótano suficientemente ventilado

17. En función a lo que estén destinadas las vainas, se construirán utilizando los siguientes materiales:

☐ a. Protección mecánica de tuberías: vaina de acero, con espesor mínimo de 1 mm

☐ b. Ventilación de tuberías en sótanos: vainas de material rígido

☐ c. Ventilación de tuberías en el resto de casos: vaina de material metálico (acero, cobre, etc.)

☐ d. Acceso a armarios de regulación y contadores: vaina de material metálico u otro material rígido

18. Los materiales de las vainas estarán en función a la misión que estén destinados, por ejemplo para «protección mecánica de tuberías», ¿qué tipo de material utilizaremos?

☐ a. Cobre con espesor mínimo de 1,5 mm

☐ b. Acero con espesor mínimo de 1,5 mm

☐ c. Acero o cobre indistintamente de espesor mínimo 2 mm

☐ d. Otros materiales rígidos (plásticos rígidos)

19. Los materiales usados para conductos estarán en función de la misión a la que estén destinados, por ejemplo, «ventilación de tuberías en semisótano», ¿qué tipo de material utilizaremos?

☐ a. De obra

☐ b. De plástico

☐ c. Acero inoxidable

☐ d. Materiales metálicos (acero, cobre, etc.)

20. Los conductos deben ser continuos en todo su recorrido, pueden disponer de registros para el mantenimiento de la tubería. Los registros serán estancos con accesibilidad de grado:

☐ a. 2 ☐ c. 3

☐ b. 2 o 3 ☐ d. 1 o 2

21. ¿Se pueden enterrar tuberías directamente en el suelo de las viviendas o locales cerrados destinados a usos no domésticos?

☐ a. Sí

☐ b. No

☐ c. Con autorización de la empresa distribuidora

☐ d. Sí en bares, restaurantes, etc.

22. ¿Se pueden empotrar las tuberías?

☐ a. Sí, debe utilizar tubo de acero soldado o acero inoxidable, o bien tubo de cobre con longitud máxima de empotramiento de 40 cm y podrá existir en este tramo algún tipo de unión

☐ b. Excepcionalmente en el caso de tuberías que suministren a un conjunto de regulación y/o contadores, la longitud de empotramiento puede estar comprendida entre 20 cm y 2 m

☐ c. En los casos en que se deban rodear obstáculos o conectar dispositivos alojados en armarios o cajetines, y si el espacio alrededor del tubo contiene huecos, estos se deben obturar

☐ d. Sí, en todos los casos, pero limpiando el óxido o suciedad, aplicando una capa de imprimación y protegiéndola con una doble capa de cinta protectora anticorrosión adecuada al 50 % de solape

23. En las instalaciones suministradas desde depósitos fijos o móviles de GLP de carga unitaria a 15 kg debe existir un primer regulador y otro instalado en serie, o bien un único regulador dotado de un dispositivo de seguridad por alta presión, que funcionando como seguridad, garantice que la presión a la entrada de la instalación receptora esté comprendida entre:

☐ a. 0,1 y 1 bar

☐ b. 1 y 2 bar

☐ c. 0,1 y 1,5 bar

☐ d. 0,1 y 2 bar

24. En las instalaciones suministradas con MOP superior a 150 mbar e inferior o igual a 5 bar, se debe disponer de un sistema de regulación dotado de:

☐ a. Regulador de presión

☐ b. Regulador de presión y válvula de seguridad por máxima presión

☐ c. Regulador de presión, válvula de seguridad por máxima presión y una válvula de seguridad por mínima presión para cada una de las instalaciones individuales

☐ d. Regulador de presión y una válvula de seguridad por mínima presión para cada una de las instalaciones individuales

25. En las instalaciones suministradas con MOP superior a 50 mbar e inferior o igual a 150 mbar, se debe disponer de un sistema de regulación dotado de:

☐ a. Regulador de presión

☐ b. Regulador de presión y válvula de seguridad por mínima presión para cada una de las instalaciones individuales

☐ c. Regulador de presión, válvula de seguridad por máxima presión y una válvula de seguridad por mínima presión para cada una de las instalaciones individuales

☐ d. Regulador de presión y una válvula de seguridad por máxima presión

26. Los conjuntos de regulación estarán ubicados:

☐ a. En el interior de armarios adosados o empotrados en paredes exteriores de la edificación con una ventilación directa al exterior al menos de 5 cm^2

☐ b. En el interior de armarios o nichos exclusivos para este uso situados en el interior de la edificación sin colindar sus paredes con el exterior

☐ c. En el interior de los recintos de centralización de contadores estará prohibido

☐ d. En el interior de las salas de calderas únicamente cuando el suministro de gas no esté destinado a alimentar dichas calderas

27. La llave de acometida (señala la falsa):

☐ a. Se instalará en todos los casos

☐ b. El emplazamiento lo debe decir la empresa distribuidora

☐ c. Su accesibilidad será de grado X3

☐ d. Es la llave que da inicio a la instalación receptora

28. En las instalaciones suministradas desde depósitos móviles de GLP de carga unitaria inferior o igual a 15 kg, en el caso de instalar dos unidades de descarga simultánea en el interior de las viviendas o locales privados, la reducción de presión se hará:

☐ a. Mediante reguladores situados en las propias botellas a la presión de operación

☐ b. Mediante reguladores con MOP < 2 bar, situados en las propias botellas y conectados con tuberías flexible de elastómero con armadura interna, según UNE 60712 Parte3, a otro regulador o limitador del mismo rango que ejerza una función de seguridad. A continuación se instala un único regulador situado lo más próximo posible al interior que reduzca la presión a la operación de los aparatos

☐ c. Cuando la instalación esté suministrada por un único envase, la reducción de presión se realizará en la botella con un regulador hasta la presión de operación

☐ d. Todas las anteriores son correctas

29. En toda instalación receptora individual se deben instalar al menos las siguientes tomas de presión:

☐ a. A la entrada y salida de los reguladores de las instalaciones suministradas desde redes de distribución.

☐ b. A la entrada de la centralización de contadores

☐ c. A la salida del contador, si está centralizado o situado en el exterior de la vivienda

☐ d. Todas son correctas

30. La llave de edificio irá emplazada:

☐ a. En el límite de la propiedad, con grado de accesibilidad 1 o 2 para todos

☐ b. En el interior del edificio

☐ c. Se debe instalar lo más cerca posible de la fachada del edificio, o sobre ella misma, y debe permitir cortar el servicio de gas a este, con grado de accesibilidad 2 o 3 para la empresa distribuidora

☐ d. En el mismo muro con grado de accesibilidad grado 2

31. La llave de edificio se debe instalar si la longitud de la acometida interior, medida entre la llave de acometida y la fachada del edificio es igual o superior a:

☐ a. 20 m en tuberías vistas

☐ b. 3 m en tuberías enterradas

☐ c. En todos los casos en que la acometida suministre a más de un edificio

☐ d. En todos los casos en que la acometida suministre a un edificio

32. Llave de montante colectivo:

☐ a. Se debe instalar cuando exista más de un montante y tendrá un grado de accesibilidad 2 o 3 para la empresa distribuidora desde zona común o pública

☐ b. Se debe instalar cuando existan 3 o 4 montantes en la instalación del edificio, y deberá contar con un grado de accesibilidad 2 o 3, lo que implica que la empresa distribuidora pueda acceder a ella desde una zona común del inmueble o desde la vía pública, garantizando así su operatividad en situaciones de emergencia o mantenimiento

☐ c. Se debe instalar cuando exista más de un montante y tendrá un grado de accesibilidad 1 o 2 para la empresa distribuidora desde zona común o pública

☐ d. Se debe instalar cuando exista un montante

33. Llave de usuario (señala la falsa):

☐ a. Se debe instalar en todos los casos

☐ b. Tener un grado de accesibilidad 2 para la empresa distribuidora desde zona común o desde el límite de la propiedad

☐ c. Tener un grado de accesibilidad 1 para la empresa distribuidora desde zona común o desde el límite de la propiedad

☐ d. En los casos de centralización de contadores, la llave de contador puede asumir las funciones de llave de usuario

34. Llave de vivienda o local privado (señala la falsa):

☐ a. Se instalará en todos los casos y tendrá de grado 1 de accesibilidad para el usuario

☐ b. Se debe instalar en el exterior de la vivienda o local, siendo accesible desde el interior

☐ c. Se puede instalar en su interior, pero en este caso el emplazamiento de la llave debe ser tal que el tramo anterior a la misma dentro de la vivienda o local privado resulte lo más corto posible

☐ d. Tendrá accesibilidad de grado 2 para el usuario

35. Cuál es la separación máxima entre elementos de sujeción en un tramo vertical para diámetro nominal 28:

☐ a. 1 m

☐ b. 1,5 m

☐ c. 2 m

☐ d. 2,5 m

TEST N.º 13 · UNE 60670. Parte 5. Recintos destinados a la instalación de contadores de gas

1. Para gases más densos que el aire, los contadores no deben situarse en un nivel inferior:

☐ a. Al de la planta baja

☐ b. Del semisótano

☐ c. Al de la primera planta

☐ d. Del segundo sótano o semisótano

2. El totalizador del contador se debe situar a una altura inferior respecto al suelo de:

☐ a. 2 m

☐ b. 2,20 m

☐ c. En el caso de módulos prefabricados, la altura puede ser de hasta 2,40 m, siempre que se habilite el recinto con una escalera o útil similar que facilite la lectura

☐ d. La a) y c) son correctas

3. La instalación de los contadores en un edificio de nueva construcción (señala la incorrecta):

☐ a. En fincas plurifamiliares los contadores se deben instalar centralizados en recintos situados en zonas comunitarias del edificio y accesibilidad 2 para la empresa distribuidora

☐ b. En casos excepcionales, y de acuerdo con la empresa distribuidora, se pueden situar en zonas con accesibilidad o grado 3 desde el exterior o zonas comunitarias

☐ c. En fincas unifamiliares el contador se debe instalar en un recinto tipo armario o nicho, situado preferentemente en la fachada o muro límite de propiedad y con accesibilidad grado 3 desde el interior del mismo para la empresa distribuidora

☐ d. En un edificio ya construido, se pueden instalar lo más cerca posible del punto de penetración de la tubería de la vivienda, preferentemente en la galería abierta, cocina o local donde se instalen los aparatos de gas

4. Dónde no se deben instalar los contadores para gases menos densos que el aire:

☐ a. Planta baja

☐ b. Niveles inferiores al semisótano

☐ c. Azotea

☐ d. La a) y la c) son correctas

5. Las características generales de los recintos de centralización de contadores (señala la incorrecta):

☐ a. Los contadores se pueden centralizar de forma total en un local técnico o armario, o bien de forma parcial en locales técnicos, armarios o conductos técnicos en rellano

☐ b. La puerta de acceso en todos los casos debe abrir hacia dentro y cerradura con llave normalizada. Si se trata de un local técnico, la puerta se debe abrir desde el interior con llave normalizada

☐ c. La instalación eléctrica en el interior del recinto de centralización en el caso en que sea necesaria se debe ajustar al REBT

☐ d. En el recinto de centralización, junto a cada llave de contador, debe existir una placa que lleve grabada de forma indeleble, la identificación de la vivienda, piso, puerta o local que suministra. La placa debe ser metálica o de plástico rígido

6. En la centralización en conducto técnico, al atravesar el forjado de cada planta se debe prever una superficie libre mínima para asegurar el tiro de aire para la ventilación del conducto técnico, de:

☐ a. 100 cm^2

☐ b. 150 cm^2

☐ c. 100 cm^2, pero cuando la superficie mínima sea superior a 400 cm^2 debe estar protegida por una reja desmontable capaz de soportar el peso de una persona como mínimo

☐ d. 100 cm^2, pero cuando la superficie mínima sea superior a 600 cm^2 debe estar protegida por una reja desmontable capaz de soportar el peso de una persona como mínimo

7. Una conducción ajena a la instalación de gas discurriendo vista, ¿puede atravesar el recinto de centralización de contadores?

☐ a. No, nunca

☐ b. Sí, cuando no se pueda evitar, la conducción que lo atraviesa no debe tener accesorios o juntas desmontables y los puntos de penetración y salida deben ser estancos

☐ c. Sí, cuando se trate de tubos de plomo o plástico no deben estar envainadas o alojadas en el interior de un conducto

☐ d. Sí, cuando se trate de conducciones vistas de suministro eléctrico, se deben alojar en una vaina de plástico rígido

8. En la centralización de contadores ubicada en un cuarto de contadores o local técnico, ¿cuál será la superficie libre mínima de ventilación?

☐ a. Superior 200 cm^2 y la inferior 50 cm^2

☐ b. Superior 50 cm^2 y la inferior 50 cm^2

☐ c. Superior 200 cm^2 y la inferior 200 cm^2

☐ d. Superior 150 cm^2 y la inferior 50 cm^2

9. En la centralización de contadores ubicada en un armario exterior con dos contadores, ¿cuál será la superficie libre mínima de ventilación?

☐ a. Superior 5 cm^2 y la inferior 5 cm^2

☐ b. Superior 10 cm^2 y la inferior 10 cm^2

☐ c. Superior 50 cm^2 y la inferior 50 cm^2

☐ d. Superior 100 cm^2 y la inferior 100 cm^2

10. Dónde no se deben instalar los contadores para gases más densos que el aire:

☐ a. Azotea

☐ b. Niveles inferiores a la planta baja

☐ c. La a) y la b) son correctas

☐ d. Ninguna es correcta

11. En la centralización de contadores ubicada en armario interior de más de dos contadores, ¿cuál será la superficie libre mínima de ventilación?

☐ a. Superior 100 cm^2 y la inferior 100 cm^2

☐ b. Superior 200 cm^2 y la inferior 200 cm^2

☐ c. Superior 100 cm^2 y la inferior 150 cm^2

☐ d. Superior 150 cm^2 y la inferior 150 cm^2

12. Cuando la ventilación se realice a través de un conducto de más de 3 m de longitud, la superficie libre de ventilación se deberá incrementar un:

☐ a. 10 %

☐ b. 15 %

☐ c. 25 %

☐ d. 50 %

13. Cuando el local técnico o armario centralizado de contadores esté situado en un semisótano:

☐ a. La ventilación puede ser indirecta

☐ b. La ventilación se puede realizar a través de la parte inferior y superior de su propia puerta

☐ c. No será necesario incorporar rejillas de protección en las aberturas de ventilación del local técnico o armario centralizado de contadores

☐ d. La puerta del local o armario deber ser estanca

14. En la centralización de contadores ubicada en un conducto técnico, ¿cuál será la superficie libre mínima de ventilación?

☐ a. Superior 100 cm^2 y la inferior 100 cm^2

☐ b. Superior 150 cm^2 y la inferior 150 cm^2

☐ c. Superior 100 cm^2 y la inferior 150 cm^2

☐ d. Superior 150 cm^2 y la inferior 100 cm^2

15. En el caso de instalar un contador en un armario o nicho, ¿dónde se situará? (señala la falsa)

☐ a. En la fachada

☐ b. En el muro límite de la propiedad de la vivienda

☐ c. En el muro límite de la propiedad del local privado

☐ d. Dentro de la vivienda

16. En la instalación del contador en el interior de vivienda o local (señala la falsa):

☐ a. No se debe instalar el contador a mayor altura de los fuegos de una cocina o encimera, salvo que se encuentre a una distancia mayor o igual de 40 cm de dicha cocina o se coloque una pantalla protectora

☐ b. Se puede instalar el contador en dormitorios y en locales de baño o ducha

☐ c. No se debe instalar el contador a menos de 20 cm medidos de mecanismos eléctricos o de aparatos de producción de agua caliente sanitaria y calefacción

☐ d. El contador se debe situar lo más cerca posible al punto de entrada de la tubería de gas en la vivienda o local, mejor en la galería, lavadero o espacio similar donde se ubiquen los aparatos a gas

17. ¿A qué altura máxima debe estar el totalizador del contador instalado en el exterior?

☐ a. 2,5 m

☐ b. 1,2 m

☐ c. 1,7 m

☐ d. 2,0 m

18. ¿Qué norma debe cumplir el soporte del contador en exterior cuando se instala en balcones o terrazas techadas?

☐ a. UNE 60495-2

☐ b. UNE 60495-1

☐ c. UNE 60713-1

☐ d. UNE 60670-3

TEST N.º 14 · UNE 60670. Parte 6. Requisitos de configuración, ventilación y evacuación de los productos de la combustión en los locales destinados a contener los aparatos a gas

1. Objeto y campo de aplicación, cuál de los siguientes supuestos está fuera de la norma UNE 60670 Parte 6:

☐ a. Las salas de máquinas en las que la suma de las potencias útiles nominales de los aparatos instalados sea superior a 70 kW

☐ b. Las salas de máquinas en las que la suma de las potencias útiles nominales de los aparatos instalados sea igual a 70 kW

☐ c. Las salas de máquinas en las que la suma de las potencias de los aparatos instalados sea superior a 70 kW

☐ d. Las salas de máquinas en las que la suma de las potencias útiles nominales de los aparatos instalados sea inferior a 70 kW

2. La ventilación directa en aparatos de gas tipo B puede ser (señala la falsa):

☐ a. Por conducto individual

☐ b. Por conducto colectivo

☐ c. Por abertura de orificio regulado

☐ d. Por abertura de orificio permanente

3. ¿Qué determina el tipo de aparato a gas, según la clasificación del informe UNE-CEN/TR-1749 IN?

☐ a. El tipo de gas utilizado

☐ b. La eficiencia energética

☐ c. El color de la llama en funcionamiento

☐ d. Las características de ventilación y evacuación

4. De los siguientes, ¿qué tipo de aparatos tipo A pueden instalarse en locales no considerados como zona exterior?

☐ a. Aparatos de cocción como cocinas, hornos o barbacoas

☐ b. Aparatos de producción de agua caliente sanitaria por acumulación

☐ c. Aparatos sin control de atmósfera en dormitorios

☐ d. Aparatos industriales sin cumplir condiciones de ventilación

5. Los locales donde se instalen solo aparatos de gas tipo C y/o B:

☐ a. Necesitan un volumen mínimo de 30 m^3

☐ b. No precisan volumen mínimo

☐ c. Aceptan un volumen máximo de 100 m^3

☐ d. Ninguna es correcta

6. En los edificios ya construidos, ¿qué volumen bruto mínimo precisa un local para contener aparatos de tipo A de 15 kW de consumo calorífico y que no sean de calefacción?

☐ a. 8 m^3

☐ b. 5 m^3

☐ c. No precisa volumen mínimo

☐ d. 6 m^3

7. ¿Qué deben cumplir los patios de ventilación?

☐ a. Altura mínima 3 m

☐ b. Ubicación central

☐ c. 3 m^2 y lado ≥ 1 m

☐ c. Sin salida exterior

8. Dos locales se consideran como uno solo a efectos de condiciones de instalación de aparatos a gas y diseño de ventilaciones si se comunican entre sí mediante una o varias aberturas permanentes, cuya superficie libre total sea igual o superior a:

- [ ] a. 1 m^2
- [ ] b. 1,5 m^2
- [ ] c. 2 m^2
- [ ] d. 2,5 m^2

9. Si el consumo calorífico total es superior a 30 kW en un local que contiene aparatos de tipo A que no sean de calefacción, el local debe disponer de:

- [ ] a. Un sistema de impulsión mecánica de aire que garantice la renovación continua del aire del local
- [ ] b. Un sistema de extracción mecánica de aire que garantice la renovación continua del aire del local
- [ ] c. Un sistema de corte de gas
- [ ] d. Un sistema de extracción mecánica de aire que garantice la renovación continúa del aire del local durante el funcionamiento de estos aparatos y que disponga de un sistema de corte de gas por fallo del sistema de extracción

10. ¿Cuál es el volumen bruto mínimo de un local que contiene aparatos fijos de calefacción tipo A con un consumo calorífico total de 5 kW?

- [ ] a. 15 m^3
- [ ] b. 55 m^3
- [ ] c. 107,42 m^3
- [ ] d. 120 m^3

11. La ventilación rápida de los locales es la que se realiza a través de una o dos aberturas cuya superficie total sea igual o superior:

- [ ] a. 0,4 m^2
- [ ] b. 0,04 m^2
- [ ] c. 0,5 m^2
- [ ] d. 0,6 m^2

12. ¿Los armarios precisan ventilación rápida?

☐ a. No precisan ventilación rápida, pero el local contiguo con el que se comunican debe cumplir los requisitos de ventilación rápida

☐ b. 0,4 m^2

☐ c. Sí precisan ventilación rápida en todos los casos, independientemente de su ubicación o del tipo de recinto en el que se encuentren

☐ d. 400 cm^2

13. La ventilación rápida ¿se puede realizar indirectamente a través de una puerta fácilmente practicable cuya superficie mínima sea de 1,2 m^2 a un local contiguo que disponga de ventilación rápida?

☐ a. Sí, cuando el consumo calorífico total de los aparatos que carezcan de dispositivo de seguridad sea menor o igual a 30 kW

☐ b. No

☐ c. Sí, independientemente del consumo calorífico total de los aparatos

☐ d. La ventilación rápida siempre tiene que realizarse en el mismo local que contiene los aparatos a gas

14. Cuando por razones constructivas un local no pueda disponer de ventilación rápida, se deberá:

☐ a. Poner todos los aparatos eléctricos

☐ b. Instalar en el interior del mismo, en función de las características de este, detectores de gas tipo A, cuando se trate de locales de uso doméstico

☐ c. Precintar la instalación de gas

☐ d. Instalar en el interior del mismo detectores de gas tipo A, que accionen un sistema automático de corte de gas (electroválvula) ubicado en el interior del local

15. ¿Cuándo se considera patio de ventilación?

☐ a. 4 m^2, siendo la longitud del lado menor igual o superior a 1 m

☐ b. 3 m^2, siendo la longitud del lado menor igual o superior a 1 m

☐ c. 3 m^2, siendo la longitud del lado menor igual o superior a 2 m

☐ d. 4 m^2, siendo la longitud del lado menor igual o superior a 2 m

16. Una caldera de quemadores atmosféricos de tiro natural está clasificada en función de las características de combustión y evacuación de los productos de la combustión, de acuerdo con el informe UNE-CR-1749 agrupándose de forma general en:

☐ a. Aparato de circuito abierto de evacuación no conducida

☐ b. Aparato de circuito abierto de tiro forzado

☐ c. Aparatos de circuito abierto y aparatos de circuito estanco

☐ d. Aparato de circuito estanco

17. ¿Qué superficie mínima deberá tener un patio de ventilación para ser considerado como tal cuando se trata de una edificación existente?

☐ a. Puede ser inferior a 3 m^2, si dispone de abertura inferior libre al exterior de 300 cm^2

☐ b. Puede ser inferior a 4 m^2, si dispone de abertura inferior libre al exterior de 300 cm^2

☐ c. Puede ser inferior a 5 m^2, si dispone de abertura inferior libre al exterior de 300 cm^2

☐ d. Puede ser inferior a 6 m^2, si dispone de abertura inferior libre al exterior de 300 cm^2

18. En un patio de ventilación, en caso de que exista techo, este debe dejar libre una superficie permanente en comunicación con el exterior de al menos:

☐ a. 1 m^2

☐ b. 2 m^2

☐ c. 3 m^2

☐ d. 4 m^2

19. Tiene también consideración de patio de ventilación cuando la sección sea inferior a 3 m^2 y dispone en su parte inferior de una abertura para la entrada directa de aire del exterior o bien se aporta mediante un conducto que comunique directamente al patio con el exterior con una superficie libre mínima de:

☐ a. 100 cm^2

☐ b. 150 cm^2

☐ c. 300 cm^2

☐ d. 400 cm^2

20. Los patios de ventilación destinados a la evacuación de los productos de la combustión de aparatos tipo B y C, en edificios construidos, deben tener una superficie en planta, medida en m^2 de (siendo NT el número de locales que puedan contener aparatos conducidos que desemboquen en el patio):

☐ a. 1 · NT con un mínimo de 6 m^2

☐ b. 0,5 · NT con un mínimo de 4 m^2

☐ c. 0,5 · NT con un mínimo de 6 m^2

☐ d. 1 · NT con un mínimo de 4 m^2

21. ¿Qué sistema de corte debe utilizarse en locales con aparatos tipo A que no sean de calefacción?

☐ a. Válvula de bola automática

☐ b. Llave de paso manual

☐ c. Electroválvula de rearme manual, normalmente cerrada

☐ d. Válvula de presión diferencial

22. En los patios de ventilación destinados a la evacuación de los productos de la combustión de aparatos tipo B y C cubiertos en su parte superior con un techado, este tendrá una superficie permanente y libre al exterior del:

☐ a. 25 % de su sección en planta con un mínimo de 4 m^2

☐ b. 30 % de su sección en planta con un mínimo de 4 m^2

☐ c. 25 % de su sección en planta con un mínimo de 6 m^2

☐ d. 40 % de su sección en planta con un mínimo de 4 m^2

23. Cuando la ventilación se realice por aberturas (orificios, tanto en el caso de ventilación directa como indirecta), tendrán una superficie de al menos:

☐ a. 5 cm^2/kW con un mínimo de 100 cm^2

☐ b. 5 cm^2/kW con un mínimo de 125 cm^2

☐ c. 10 cm^2/kW con un mínimo de 100 cm^2

☐ d. 15 cm^2/kW con un mínimo de 125 cm^2

TEST N.º 15 · UNE 60670. Parte 6. Requisitos de configuración, ventilación y evacuación de los productos de la combustión en los locales destinados a contener los aparatos a gas

1. Cuando la ventilación se realice por conducto individual o colectivo horizontal de más de 3 m de longitud, la sección libre mínima se incrementará un:

☐ a. 50 % y en cualquier caso el total de los tramos horizontales no debe ser superior a 5 m

☐ b. 25 % y en cualquier caso el total de los tramos horizontales no debe ser superior a 10 m

☐ c. 50 % y en cualquier caso el total de los tramos horizontales no debe ser superior a 10 m

☐ d. 75 % y en cualquier caso el total de los tramos horizontales no debe ser superior a 10 m

2. Todas las superficies serán la suma de la ventilación superior e inferior en caso de existir y ninguna de ellas tendrá una superficie inferior a:

☐ a. 30 cm^2

☐ b. 40 cm^2

☐ c. 50 cm^2

☐ d. 60 cm^2

3. En los locales que contienen solo aparatos de tipo B con gases menos densos que el aire, la abertura de ventilación directa o indirecta estará situada:

☐ a. Su extremo inferior debe estar a una altura ≥ 1,80 m del suelo del local y ≤ 40 cm del techo

☐ b. Su extremo superior debe estar a una altura ≥ 1,80 m del suelo del local del techo

☐ c. Su extremo inferior debe estar a una altura ≥ 1,80 m del suelo del local y ≤ 1 m del techo

☐ d. Su extremo inferior debe estar a una altura ≥ 2 m del suelo del local y ≤ 40 cm del techo

4. En los locales que contienen simultáneamente aparatos de tipo A y B de consumo calorífico de 16 kW, en edificios ya construidos, con gases menos densos que el aire, la abertura de ventilación directa o indirecta estará situada:

☐ a. Su extremo superior debe estar a una altura ≥ 1,80 m del suelo del local y ≤ 50 cm del techo

☐ b. A cualquier altura

☐ c. Su extremo superior debe estar a una altura ≥ 1,80 m del suelo del local y ≤ 1 m del techo

☐ d. Su extremo inferior debe estar a una altura ≥ 1,80 m del suelo del local

5. La evacuación de los PdC de los aparatos tipo B y C se debe efectuar:

☐ a. Por cubierta, fachada de edificio o patio de ventilación siempre que cumpla la reglamentación vigente

☐ b. Solo por cubierta

☐ c. Por cubierta o patio de ventilación

☐ d. Por cubierta o fachada de edificio

6. Un local que contiene solo aparatos de tipo B con gases menos densos que el aire, con un consumo calorífico total de 50 kW. ¿Cuál será la sección mínima de ventilación y dónde estará situada?

☐ a. 250 cm², su extremo inferior debe estar a una altura ≥ 1,80 m del suelo del local y ≤ 40 cm del techo

☐ b. Una inferior de 125 cm², cuyo extremo superior debe estar a una altura de ≤ 50 cm del suelo del local (puede ser de ventilación indirecta) y una superior de 125 cm², cuyo extremo inferior debe estar a una altura ≥ 1,80 m del suelo del local y ≤ 40 cm del techo o, alternativamente campana o extractor

☐ c. Una inferior de 250 cm², cuyo extremo superior debe estar a una altura de ≤ 50 cm del suelo del local (puede ser de ventilación indirecta) y una superior de 250 cm², cuyo extremo inferior debe estar a una altura ≥ 1,80 m del suelo del local y ≤ 40 cm del techo o, alternativamente campana o extractor

☐ d. Una inferior de 125 cm², cuyo extremo superior debe estar a una altura de ≤ 50 cm del suelo del local (debe ser de ventilación directa) y una superior de 125 cm², cuyo extremo inferior debe estar a una altura ≥ 1,80 m del suelo del local y ≤ 40 cm del techo o, alternativamente campana o extractor

7. Los locales que alojan únicamente aparatos de calefacción no conducidos (aparatos de tipo A) de consumo calorífico inferior a 4,65 kW y que cumplan la condición de volumen mínimo, deberán disponer de una abertura de ventilación mínima y situada:

☐ a. 23,25 cm² y su extremo inferior debe estar a una altura ≥ 1,80 m del suelo del local y ≤ 40 cm del techo

☐ b. 100 cm² y su extremo inferior debe estar a una altura ≥ 1,80 m del suelo del local y ≤ 40 cm del techo

☐ c. 125 cm² y su extremo inferior debe estar a una altura ≥ 1,80 m del suelo del local y ≤ 40 cm del techo

☐ d. No precisa de ningún sistema de ventilación

8. Un local que contiene solo aparatos de tipo A con gases más densos que el aire, con un consumo calorífico total de 40 kW, ¿cuál será la sección mínima de ventilación y dónde estará situada?

☐ a. 100 cm^2, su extremo superior debe estar a una altura ≥ 1,80 m del suelo del local y ≤ 40 cm del techo

☐ b. Una inferior de 100 cm^2, cuyo extremo superior debe estar a una altura de ≤ 50 cm del suelo del local (puede ser de ventilación indirecta) y una superior de 100 cm^2, cuyo extremo inferior debe estar a una altura ≥ 1,80 m del suelo del local y ≤ 40 cm del techo o, alternativamente, campana o extractor

☐ c. Una inferior de 125 cm^2, cuyo extremo inferior debe estar a una altura de ≤ 15 cm del suelo del local y en caso de aberturas rectangulares su lado mayor no puede ser superior al doble del lado menor y una superior de 125 cm^2, cuyo extremo inferior debe estar a una altura ≥ 1,80 m del suelo del local y ≤ 40 cm del techo

☐ d. Una inferior de 100 cm^2, cuyo extremo inferior debe estar a una altura de ≤ 15 cm del suelo del local y una superior de 100 cm^2, cuyo extremo inferior debe estar a una altura ≥ 1,80 m del suelo del local y ≤ 40 cm del techo

9. Los generadores de aire por convección forzada con un gasto calorífico total de 25 kW, para calefacción indirecta con alimentación de aire de combustión desde el interior del local tendrán una abertura mínima de ventilación de:

☐ a. 50 cm^2

☐ b. 100 cm^2

☐ c. 125 cm^2

☐ d. 200 cm^2

10. ¿Dónde puede desembocar el conducto de evacuación de un aparato tipo B o C?

☐ a. Solo en tejado

☐ b. En cubierta, fachada o patio de ventilación

☐ c. En el interior del local

☐ d. Solo en fachada principal

11. Los aparatos de tipo B y C de tiro natural:

☐ a. Tienen salida libre al ser estancos

☐ b. Deben llevar un elemento de impulsión de los PdC

☐ c. Llevarán incorporado un cortatiro en el circuito de los PdC del aparato

☐ d. Llevarán incorporado un cortatiro en el circuito de los PdC del aparato, con la excepción de las chimeneas-hogar de gas o similares que no incorporan cortatiro si lo llevan acoplado

12. El extremo del conducto de evacuación con salida directa al exterior o patio de ventilación, sin contar el deflector, debe guardar con respecto a cualquier abertura permanente que disponga el propio local, los de nivel superior o colindantes, una distancia mínima de:

☐ a. 10 cm   ☐ c. 60 cm

☐ b. 40 cm   ☐ d. 80 cm

13. ¿Qué características debe cumplir el conducto de evacuación directa al exterior de un aparato tipo B de tiro natural?

☐ a. Conducto a cubierta o con salida directa al exterior o a patio de ventilación

☐ b. Conducto con salida directa al exterior

☐ c. Conducto con salida a un patio de ventilación

☐ d. Conducto vertical a cubierta

14. Características de la conexión a una chimenea, shunt o similar (señala la falsa):

☐ a. Ser incombustible, liso, rígido y resistente a la corrosión

☐ b. Ser flexible, opaco y de plástico reforzado

☐ c. Tener juntas de goma y sistema automático de apertura

☐ d. Estar pintado y tener aislamiento térmico exterior

15. El extremo del conducto de evacuación con salida directa al exterior o patio de ventilación, sin contar el deflector, debe guardar con respecto al muro o pared que ha atravesado, una distancia mínima de:

☐ a. 10 cm   ☐ c. 30 cm

☐ b. 20 cm   ☐ d. 40 cm

16. Qué característica debe cumplir el conducto de evacuación con salida directa al exterior o patio de ventilación (señala la falsa):

☐ a. El conducto debe ser de material incombustible tipo A1 o A2-SL

☐ b. El conducto debe disponer de un punto para la toma de muestras accesible con un diámetro mínimo de 11 mm

☐ c. El diámetro interior del conducto no debe presentar estrechamientos ni reducciones y debe ser el indicado por el fabricante del aparato

☐ d. El conducto debe mantener una pendiente positiva en todos sus tramos y en la parte superior del aparato debe tener un tramo vertical de al menos 25 cm de longitud, medidos entre la base del collarín y la unión con el primer codo

17. Para locales que contienen solo aparatos de tipo B, para gases más densos que el aire la posición de la abertura será:

☐ a. El extremo inferior debe estar a una altura de ≤ 20 cm del suelo del local, y la ventilación puede ser indirecta

☐ b. El extremo inferior debe estar a una altura de ≤ 15 cm del suelo del local, y la ventilación puede ser directa o indirecta

☐ c. El extremo inferior debe estar a una altura de ≤ 20 cm del suelo del local, y la ventilación puede ser directa

☐ d. El extremo inferior debe estar a una altura de ≤ 15 cm del suelo del local, y la ventilación puede ser indirecta

18. El extremo del conducto de evacuación con salida directa al exterior o patio de ventilación, sin contar el deflector, debe guardar con relación al nivel del suelo exterior de la finca, una distancia mínima de:

☐ a. 150 cm   ☐ c. 220 cm

☐ b. 200 cm   ☐ d. 225 cm

19. La salida de los productos de la combustión de aparatos de tiro forzado o estancos a través de fachada o celosía cuando el tubo sea concéntrico, debe sobresalir en la zona exterior para el tubo exterior un máximo de:

☐ a. 10 cm   ☐ c. 20 cm

☐ b. 15 cm   ☐ d. 5 cm

20. Si los conductos deben atravesar paredes o techos de madera u otro material combustible, el diámetro del orificio debe ser mayor que el diámetro exterior del conducto, como mínimo de:

☐ a. 5 cm   ☐ c. 15 cm

☐ b. 10 cm   ☐ d. 20 cm

21. El aparato de tiro forzado o estanco se encuentra situado en el exterior, terraza, balcón o galería abierta o techada, cuando el eje del tubo de salida de los PdC se encuentra a una distancia superior a 30 cm respecto del techo de la terraza, balcón o galería, medidos perpendicularmente, la longitud del tubo de salida de los PdC, debe ser:

☐ a. 5 cm   ☐ c. 15 cm

☐ b. 10 cm   ☐ d. La mínima indicada por el fabricante

22. Entre dos salidas de PdC de tiro forzado o estanco situadas al mismo nivel, se debe mantener una distancia mínima de:

☐ a. 50 cm

☐ b. 60 cm

☐ c. Se puede reducir a 30 cm si se usan deflectores divergentes indicados por el fabricante

☐ d. La b) y la c) son correctas

23. La salida de PdC de tiro forzado o estanco, estará de la pared frontal con ventana o huecos de ventilación a una distancia mínima de:

☐ a. 1 m

☐ b. 2 m

☐ c. 3 m

☐ d. 4 m

24. Cuando se encuentren varios conductos individuales pertenecientes a diferentes aparatos, estos pueden desembocar directamente al exterior o a un conducto vertical colectivo, chimenea, shunt, en estos casos en los puntos de unión se debe mantener una separación mínima entre las generatrices más próximas de:

☐ a. 15 cm

☐ b. 20 cm

☐ c. 50 cm

☐ d. 1 m

25. La salida de los productos de la combustión de aparatos de tiro forzado o estancos a través de una terraza, balcón o galería techadas y abiertas al exterior, en edificación ya construida, el eje del tubo de salida de los PdC se encuentra a una distancia igual o inferior a 30 cm respecto del techo de la terraza, balcón o galería, medidos perpendicularmente, en esta situación, el tubo se debe prolongar hacia el límite, de forma que entre el mismo y el extremo del tubo se guarde una distancia máxima de:

☐ a. 5 cm

☐ b. 10 cm

☐ c. 15 cm

☐ d. 20 cm

26. Si el conducto de evacuación dispone de un sistema de regulación de tiro:

☐ a. Se podrá accionar manualmente

☐ b. Será de regulación por mariposa

☐ c. Será automático motorizado y estabilizado por contrapeso o mecánico fijado durante la puesta en marcha

☐ d. Será automático

27. Los conductos de evacuación de secadoras deben ser suministrados por:

☐ a. La empresa distribuidora del gas

☐ b. El fabricante de la secadora

☐ c. El instalador

☐ d. El almacén de material

TEST N.º 16 · UNE 60670. Parte 8. Pruebas de estanquidad de gas suministradas a una presión máxima de operación (MOP) inferior o igual a 5 bar

1. Todas las instalaciones se deben someter a una prueba de estanquidad con resultado satisfactorio, antes de su puesta en servicio, no siendo necesaria realizarlas a:

☐ a. Las tuberías de cobre recocido

☐ b. Las llaves

☐ c. Los conjuntos de regulación y los contadores

☐ d. Las tuberías

2. La prueba de estanquidad la realizará el instalador con:

☐ a. El gas a la presión de suministro

☐ b. Aire o gas inerte

☐ c. Otro tipo de gas

☐ d. Agua

3. La estanquidad de las uniones de los elementos que componen el conjunto de regulación, así como la entrada y salida tanto del regulador como de los contadores, se debe comprobar a la presión de operación correspondiente mediante:

☐ a. Detectores de gas

☐ b. Agua jabonosa

☐ c. Cualquier tipo de llama

☐ d. La a) y la b) son correctas

4. Si la presión de operación es de 2 < MOP ≤ 5 bar para caudales inferiores o iguales a 150 m³(n)/h, la prueba de estanquidad se realizará a una presión y un tiempo de prueba de:

☐ a. > 5 bar, 60 minutos

☐ b. > 7 bar, 60 minutos

☐ c. > 3 bar, 30 minutos

☐ d. > 2,5 bar, 15 minutos

5. Si la presión de operación es de 0,05 < MOP ≤ 0,4 bar para caudales mayores que 600 m³(n)/h, la prueba de estanquidad se realizará a una presión y un tiempo y temperatura de prueba de:

☐ a. > 3 bar, 6 horas

☐ b. > 1,40 bar, 12 horas

☐ c. > 1 bar, 24 horas

☐ d. > 2,5 bar, 36 horas

6. Si la presión de operación es de MOP ≤ 0,05 bar para caudales inferiores a 150 m³(n)/h, la prueba de estanquidad se realizará a una presión y un tiempo de prueba ce:

☐ a. > 1,00 bar, 60 minutos

☐ b. > 1,40 bar, 60 minutos

☐ c. > 1,75 bar, 30 minutos

☐ d. > 0,1 bar, 15 minutos

7. Si la presión de operación es de 2 < MOP ≤ 5 bar, si la longitud del tramo es inferior a 20 m, en instalaciones individuales, la prueba se debe reducir a:

☐ a. 40 minutos   ☐ c. 20 minutos

☐ b. 30 minutos   ☐ d. 15 minutos

8. Si la presión de operación es de MOP ≤ 0,05 bar, si la longitud del tramo es inferior a 10 m, la prueba se puede reducir al tiempo de:

☐ a. 60 minutos   ☐ c. 15 minutos

☐ b. 30 minutos   ☐ d. 10 minutos

9. Cuando la prueba se realice con una presión de hasta 0,05 bar, esta se debe verificar con un manómetro de:

☐ a. Rango 0 a 10 bar

☐ b. Rango 0 a 6 bar

☐ c. Rango 0 a 1 bar

☐ d. Columna de agua en forma de U con escala adecuada o cualquier otro dispositivo, con escala adecuada, que cumpla el mismo fin

10. En el caso de que la prueba de estanquidad no dé resultado satisfactorio, se deben localizar las fugas utilizando:

☐ a. Un mechero

☐ b. El olfato

☐ c. Cualquier tipo de llama

☐ d. Agua jabonosa o producto similar

11. ¿Cómo debe realizarse la comprobación de estanquidad del tramo de conexión a un aparato?

☐ a. Con la llave del aparato cerrada y el aparato encendido

☐ b. A presión constante de 150 mbar y mandos abiertos

☐ c. Con la llave abierta, mandos cerrados y presión entre servicio y 110 mbar

☐ d. Solo con detector de fugas ultrasónico y aparato funcionando

TEST N.º 17 · UNE 60670. Parte 9. Pruebas previas al suministro y puesta en servicio

1. En las pruebas previas al suministro, una de las siguientes afirmaciones no es correcta:

☐ a. Comprobar la documentación de la instalación

☐ b. No comprobar la maniobrabilidad de las válvulas

☐ c. Comprobar que las partes visibles de la instalación, como tuberías y conexiones, cumplen con la normativa vigente

☐ d. Comprobar el correcto funcionamiento de los sistemas de regulación

2. En la puesta en servicio, se procederá a abrir la llave de acometida y purgar las instalaciones que van a quedar en servicio, que generalmente pueden ser:

☐ a. Acometida interior

☐ b. Instalación común

☐ c. Instalaciones individuales si se da el caso

☐ d. Todas son correctas

3. Para dejar la instalación en servicio la empresa distribuidora deberá realizar las siguientes operaciones (señala la falsa):

☐ a. Comprobar que quedan cerradas, bloqueadas, precintadas y taponadas las llaves de usuario de las instalaciones individuales que no sean objeto de puesta en servicio en ese momento

☐ b. Comprobar que quedan cerradas, bloqueadas, precintadas y taponadas las llaves de conexión de aquellos aparatos a gas pendientes de instalación

☐ c. Comprobar que quedan abiertas las llaves de conexión de aquellos aparatos a gas pendientes de poner en marcha

☐ d. Abrir la llave de acometida y purgar las instalaciones que van a quedar en servicio que en el caso más general deben ser: acometida interior, instalación común y, si se da el caso, las instalaciones individuales que sean objeto de puesta en servicio

4. La operación de purgado se debe realizar con las precauciones necesarias asegurándose que al darla por acabada:

☐ a. Existe mezcla de aire-gas

☐ b. Al purgar las tuberías no hay que tomar precauciones

☐ c. No existe mezcla de aire-gas dentro de los límites de inflamabilidad en el interior de las instalaciones dejadas en servicio

☐ d. Existe mezcla de aire-gas dentro de los límites de inflamabilidad en el exterior de las instalaciones

5. En el caso de una instalación receptora suministrada desde depósitos fijos de GLP, la puesta en servicio se debe realizar tras:

☐ a. El primer llenado de la instalación de almacenamiento

☐ b. La colocación del depósito fijo

☐ c. Al terminar la instalación receptora

☐ d. El tercer llenado de la instalación

TEST N.º 18 · UNE 60670. Parte 10. Verificación del mantenimiento de las condiciones de seguridad de los aparatos en su instalación

1. Tras instalar una vitrocerámica de fuegos cubiertos o generadores de aire caliente, según UNE-EN 525, se deben efectuar las comprobaciones siguientes (indica la más completa):

☐ a. Correcto montaje del aparato y estanquidad de la conexión del aparato

☐ b. Correcto montaje del aparato, estanquidad de la conexión del aparato y medición del CO_2 ambiente

☐ c. Correcto montaje del aparato, estanquidad de la conexión del aparato, análisis de los productos de la combustión y medición del CO_2 ambiente

☐ d. Medición del CO ambiente y análisis de los productos de la combustión

2. Una vez instalado un aparato suspendido de calefacción por radiación, se deben efectuar las comprobaciones siguientes (indicar la respuesta más completa):

☐ a. Correcto montaje del aparato y estanquidad de la conexión del aparato

☐ b. Correcto montaje del aparato, estanquidad de la conexión del aparato y medición del CO ambiente

☐ c. Correcto montaje del aparato, estanquidad de la conexión del aparato y análisis de los productos de la combustión

☐ d. Medición del CO ambiente y análisis de los productos de la combustión

3. Una vez instalado un aparato tipo B de tiro natural, se deben efectuar las comprobaciones siguientes (indica la respuesta más completa):

☐ a. Correcto montaje del aparato y estanquidad de la conexión del aparato, análisis de los productos de la combustión y tiro del conducto de evacuación

☐ b. Correcto montaje del aparato, estanquidad de la conexión del aparato y medición del CO ambiente

☐ c. Correcto montaje del aparato, estanquidad de la conexión del aparato y análisis de los productos de la combustión

☐ d. Medición del CO ambiente y análisis de los productos de la combustión

4. Si no se obtienen resultados positivos en todas las comprobaciones indicadas, la llave de aparato debe quedar:

☐ a. Cerrada

☐ b. Cerrada y bloqueada

☐ c. Cerrada, bloqueada y precintada

☐ d. Abierta

5. ¿Cómo se realizará la comprobación de estanquidad de todas las uniones comprendidas entre la llave de conexión de aparato y el propio aparato, excluido este?

☐ a. Con la llave de conexión de aparato abierta y los mandos del aparato cerrados

☐ b. Con la llave de conexión de aparato cerrada y los mandos del aparato cerrados

☐ c. Con la llave de conexión de aparato abierta y los mandos del aparato abiertos

☐ d. Con la llave de conexión de aparato cerrada y los mandos del aparato abiertos

6. En los aparatos de evacuación conducida tipo B y C, vitrocerámicas de fuegos cubiertos y generadores de aire caliente de calefacción directa por convección forzada, al determinar sobre los productos de la combustión la concentración de monóxido de carbono (CO) corregido no diluido, en ningún caso se debe dejar en marcha el aparato si el valor es superior a:

☐ a. 30 ppm

☐ b. 100 ppm

☐ c. 400 ppm

☐ d. 500 ppm

7. En el caso concreto de los generadores de aire caliente, estos no deben ser puestos en marcha si superan el valor establecido por la norma:

☐ a. UNE-EN 525

☐ b. UNE-EN 2000

☐ c. UNE-EN 326

☐ d. UNE-EN 60601

8. En el caso de instalaciones que tengan aparatos suspendidos de calefacción por radiación que vierten directamente los productos de la combustión sobre el local a calefactar, se debe proceder a efectuar una medición:

☐ a. De los productos de la combustión

☐ b. Del CO ambiente

☐ c. Del tiro del conducto de evacuación

☐ d. Del CO_2 ambiente

9. En los aparatos a gas de circuito abierto de tiro natural conectados a conductos de evacuación, se deberá comprobar:

☐ a. El tiro del conducto de evacuación

☐ b. El CO ambiente

☐ c. Que el tiro es suficiente y que no se detecta revoco

☐ d. La a) y la c) son correctas

10. En el caso de aparatos tipo B de tiro natural, cuando en el local exista un sistema de extracción mecánica que pueda accionarse simultáneamente, la comprobación del tiro del aparato se debe realizar con el:

☐ a. Extractor mecánico en funcionamiento a la mínima potencia y con las puertas y ventanas del local cerradas

☐ b. Extractor mecánico en funcionamiento a la mínima potencia y con las puertas y ventanas del local abiertas

☐ c. Extractor mecánico en funcionamiento a la máxima potencia y con las puertas y ventanas del local cerradas

☐ d. Extractor mecánico en funcionamiento a la máxima potencia y con las puertas y ventanas del local abiertas

TEST N.º 19 · Anexo A. Procedimiento para realizar el análisis de la combustión en aparatos tipo B y C, vitrocerámicas de fuegos cubiertos y generadores de aire caliente de calefacción directa por convección forzada que independientemente de su consumo calorífico nominal cumple con los requisitos establecidos en la Norma UNE-EN 525

1. Para la realización del análisis de la combustión en aparatos de evacuación conducida, vitrocerámicas de fuegos cubiertos y generadores de aire caliente de calefacción directa por convección forzada, se pondrá el aparato en funcionamiento en régimen estacionario, en la posición de máxima potencia alcanzable para el momento de su medición, transcurriendo un tiempo de:

☐ a. 1 minuto

☐ b. 2 minutos

☐ c. 5 minutos

☐ d. 10 minutos

2. Cuando se trate de una caldera mixta, la máxima potencia se conseguirá:

☐ a. Poniendo la función de calefacción y abriendo al máximo el grifo lo más lejano posible al aparato

☐ b. Poniendo al máximo el termostato de agua a su valor máximo, lo que obliga al aparato a trabajar a su mayor potencia para alcanzar la temperatura sol citada

☐ c. Poniendo la función de ACS, abriendo al máximo el grifo lo más cercano posible al aparato y situando al máximo el mando del termostato de ACS

☐ d. Poniendo la función de ACS, abriendo al máximo el grifo lo más lejano posible al aparato y situando al máximo el mando del termostato de ACS

3. ¿Qué deben tener los aparatos con evacuación de PdC y potencia ≤ 70 kW?

☐ a. Solo ventilación natural

☐ b. Tubo flexible con válvula manual, detector de gases portátil integrado y rejillas de ventilación

☐ c. Toma de muestras accesible para análisis de PdC

☐ d. Detector de gases portátil integrado

4. La sonda estará en la posición de medida al menos durante:

☐ a. 2 minutos

☐ b. 5 minutos

☐ c. 7 minutos

☐ d. 10 minutos

5. ¿Cuál es el procedimiento correcto si el valor de CO oscila permanentemente?

☐ a. Interrumpir la medición de forma inmediata ante la inestabilidad del valor de CO, sin registrar ningún resultado ni continuar con la comprobación

☐ b. Sustituir la sonda por otra en condiciones adecuadas y repetir la medición completa desde el inicio, con el objetivo de obtener un valor más estable

☐ c. Mantener la sonda en posición durante al menos 5 minutos adicionales, esperando que el valor de CO se estabilice antes de registrar el resultado

☐ d. Observar durante 1 minuto los valores alcanzados y anotar el valor más cercano al máximo

TEST N.º 20 · Anexo B. Procedimiento para realizar la medición del CO-ambiente en locales que dispongan de aparatos suspendidos de calefacción por radiación de tipo A

1. Se deben poner todos los aparatos ubicados en el mismo local funcionando en régimen estacionario y a máxima potencia, ¿después de cuánto tiempo se determinará la concentración de CO corregido en el ambiente utilizando un analizador adecuado?

☐ a. 5 minutos   ☐ c. 60 minutos

☐ b. 10 minutos   ☐ d. 15 minutos

2. Para la medida de CO ambiente, ¿a qué altura se debe situar el analizador para cubrir la superficie total del local?

☐ a. 1 m   ☐ c. 1,50 m

☐ b. 1,20 m   ☐ d. 1,80 m

3. La sonda se debe dejar en cada posición de medida al menos durante:

☐ a. 2 minutos   ☐ c. 10 minutos

☐ b. 5 minutos   ☐ d. 15 minutos

4. ¿Cuál es la condición para que los resultados del CO-ambiente sean válidos durante la medición?

☐ a. Que haya ventilación cruzada

☐ b. Que se mida cerca del aparato

☐ c. Que el local esté vacío

☐ d. Que todos los aparatos funcionen a máxima potencia

5. ¿Cada cuántos metros cuadrados debe tomarse una muestra de CO-ambiente como mínimo?

☐ a. Cada 50 m^2

☐ b. Cada 25 m^2

☐ c. Cada 10 m^2

☐ d. Cada 5 m^2

TEST N.º 21 · UNE 60670. Parte 11. Instalaciones receptoras de gas suministradas a una presión máxima de operación (MOP) inferior o igual a 5 bar

1. El cierre o apertura de la llave de acometida solo pueden ser realizados por una persona perteneciente a:

☐ a. La empresa instaladora

☐ c. El Servicio de Asistencia Técnica

☐ b. La empresa distribuidora

☐ d. La empresa distribuidora o autorizada por ella

2. El restablecimiento de suministro, si la llave de usuario estuviera precintada, lo puede realizar:

☐ a. La empresa distribuidora

☐ b. La empresa instaladora

☐ c. La empresa instaladora comunicándolo a la empresa suministradora

☐ d. La a) y la c) son correctas

3. Como medidas generales de seguridad, con independencia de otras más concretas que se tomen en consideración, en los trabajos que se realicen en las instalaciones en servicio serán (señala la falsa):

☐ a. No efectuar trabajos en presencia de fuegos, hogares encendidos o focos calientes, en los locales donde se trabaje

☐ b. Se pueden manipular las llaves de la instalación común precintadas

☐ c. Cuando se produzcan interrupciones de los trabajos en curso, se deben tomar las medidas de seguridad adecuadas para asegurar la ausencia de gas y evitar la manipulación por parte de terceros, bloqueando si es posible la llave de corte correspondiente, colocando tapones, etc.

☐ d. No se deben realizar modificaciones o ampliaciones de las instalaciones sin cerrar el suministro, salvo que se utilicen técnicas adecuadas para operar en carga

4. Cuando se efectúen trabajos en zonas o locales donde existan indicios razonables de presencia de gas, se tomarán las siguientes medidas:

☐ a. Se deben accionar los interruptores eléctricos

☐ b. Se procederá de inmediato a ventilar el local y cerrar la llave de paso del gas

☐ c. No se comprobarán las condiciones ambientales con detectores antes de entrar ni durante el trabajo

☐ d. No será necesario usar linternas o lámparas de seguridad en presencia de gas

5. En el caso de que se interrumpa el suministro a más de un usuario, se debe:

☐ a. Avisar a los usuarios afectados mediante un escrito y situarlo en lugar visible

☐ b. Comunicar previamente a la empresa distribuidora, avisar a los usuarios afectados mediante un escrito y situarlo en lugar visible

☐ c. Comunicar posteriormente a la empresa distribuidora

☐ d. Comunicar previamente a la empresa distribuidora

6. Se consideran reparaciones de la instalación las actuaciones o sustituciones de tramos que no modifiquen las características de la instalación en cuanto a material utilizado, también se considera como reparación (señala la falsa):

☐ a. La sustitución de un tramo de longitud igual o inferior a 1 m, aunque se realice con cambio de trazado o material

☐ b. La ampliación de un tramo de longitud superior a 1 m, aunque se realice con cambio de trazado o material

☐ c. Las actuaciones que afecten al local o a los aparatos

☐ d. La anulación de los puntos de consumo, la llave de aparato debe quedar cerrada, bloqueada y precintada

7. Se considera como tal la modificación de la instalación de gas con cambio de material o trazado de longitud superior a:

☐ a. 0,5 m

☐ b. 1 m

☐ c. 1,5 m

☐ d. 2 m

8. El cambio de contador de una instalación receptora a gas debe ser realizado por:

☐ a. El instalador

☐ b. Una persona debidamente autorizada por la empresa distribuidora

☐ c. La empresa instaladora habilitada

☐ d. Cualquier persona que tenga carné de gas

9. La comprobación de estanquidad se puede realizar mediante una de las siguientes técnicas (señala la falsa):

☐ a. Con un detector portátil de gas, en tramos visibles y accesibles de la instalación individual, conexiones y aparatos

☐ b. Con un manómetro de escala y clase de exactitud adecuados

☐ c. Mediante giro de la métrica del contador, cuando su resolución sea al menos 1 litro

☐ d. Utilizando llamas para la detección

10. Las instalaciones de gas calificadas como no aptas para uso se deben dejar fuera de servicio:

☐ a. Al cabo de 6 meses

☐ b. En el mismo momento en que se localicen las fugas, precintando la llave de la instalación que aísle el tramo afectado

☐ c. Antes de precintar la instalación se deberá avisar a la empresa distribuidora

☐ d. Se debe informar de inmediato a la empresa distribuidora

11. Cuando se detecte una instalación receptora en aptitud de uso pendiente de corrección, ¿qué se debe hacer?

☐ a. Nada

☐ b. Informar al usuario del estado de la instalación

☐ c. Informar a Industria

☐ d. Informar a la empresa distribuidora

12. Una vez realizadas las acciones oportunas para alcanzar el nivel de aptitud de uso, ¿cómo actuaremos?

☐ a. Informando al usuario

☐ b. Informando a la empresa distribuidora

☐ c. No se hace nada

☐ d. Informando a Industria de que está subsanado el defecto

13. ¿Qué debe comprobarse al realizar un cambio de combustible en una instalación?

☐ a. Solo el tipo de quemador instalado

☐ b. Que haya ventilación cruzada suficiente

☐ c. Que la presión sea inferior al 20 % del fondo de escala

☐ d. Que cumpla las UNE 60670-12 y 60670-13 y se verifique la estanquidad con manómetro adecuado

TEST N.º 22 · UNE 60670. Parte 12. Criterios técnicos básicos para el control periódico de las instalaciones receptoras en servicio

1. Procedimiento para efectuar el control periódico de las instalaciones receptoras:

☐ a. Se emitirá un certificado del control periódico

☐ b. Si se detecta alguna anomalía se efectuará el informe de anomalías con indicación del alcance de las mismas, situación en que queda la instalación y plazo de corrección

☐ c. En todos los documentos se incluirán las recomendaciones de seguridad

☐ d. No se comprobará estanquidad en las partes visibles de la instalación

2. Se consideran anomalías principales:

☐ a. Aquellas que el usuario debe proceder a corregir en el plazo máximo de 6 meses

☐ b. Aquellas que por su propia naturaleza se deben reparar en el mismo momento de su detección. En caso de que no sea posible, se debe interrumpir el suministro de gas a la instalación receptora, parcial o totalmente, o al aparato de gas afectado, según proceda

☐ c. Aquellas que por su propia naturaleza no precisan cortar el suministro de gas a la instalación

☐ d. Aquellas faltas de estanquidad que deben repararse en el menor tiempo posible y siempre en un plazo inferior a 15 días naturales

3. En instalaciones receptoras comunes para gases menos densos que el aire, si la fuga de gas está localizada en un espacio interior del edificio, la instalación no será apta para uso, si el caudal de fuga es superior a:

☐ a. 1 l/h de gas   ☐ c. 3 l/h de gas

☐ b. 2 l/h de gas   ☐ d. 5 l/h de gas

4. Detección de anomalías: en caso de detectarse una fuga de gas, ¿qué clasificación le correspondería?

☐ a. Anomalía principal IPa – 1

☐ b. Anomalía principal IPa – 2

☐ c. Anomalía principal IPa – 3

☐ d. Anomalía principal IPa – 4

5. ¿Qué se considera anomalía tipo IPa – 2?

☐ a. Aparato a gas de tipo A o tipo B instalado en dormitorio o local de baño o ducha

☐ b. Aparato tipo A no conducido y sin dispositivo de control de contaminación de atmósfera instalado en local de $V \leq 8$ m³, aunque disponga de ventilación

☐ c. Aparato a gas tipo B que carece de conducto de evacuación de los productos de la combustión o que disponiendo del mismo está ubicado en un local de $V > 8$ m³ que carece de orificio de ventilación

☐ d. Tubo flexible inadecuado, conexión defectuosa del mismo o en contacto con partes calientes

6. ¿Cuál de las siguientes deficiencias no es anomalía principal en instalaciones receptoras individuales de potencia útil igual o inferior a 70 kW?

☐ a. Tubo flexible visiblemente dañado

☐ b. Local con ventilación inadecuada

☐ c. Tubo flexible de elastómero en contacto con las paredes calientes de un horno

☐ d. Deficiencias apreciables en los conductos de evacuación de los PdC

7. En instalaciones receptoras comunes se considera anomalía secundaria:

☐ a. Conjunto de regulación situado en un local interior del edificio ubicado en un armario que ventile directamente al exterior

☐ b. Existencia de instalaciones ajenas al mismo en recinto de contadores

☐ c. Fuga de gas localizada en un espacio interior del edificio, sin medir el caudal de fuga

☐ d. Fuga de gas localizado en un tramo aéreo situado en el exterior del edificio, comportando riesgo potencial

8. En instalaciones receptoras individuales de potencia útil nominal igual o inferior a 70 kW se considera anomalía principal:

☐ a. Estado general de conservación de la instalación defectuoso, o utilización de materiales o técnicas de unión inadecuados

☐ b. Extractor mecánico, campana extractora de cocina o aparato a gas que dispone incorporado al mismo un sistema de extracción forzada, conectados a la misma chimenea donde también tienen salida los productos de la combustión de aparatos a gas de tipo natural

☐ c. Aparato a gas tipo B que está ubicado en un local de V > 8 m^3 que carece de orificio de ventilación

☐ d. Local con ventilación inadecuada

9. En instalaciones receptoras individuales de potencia útil nominal igual o inferior a 70 kW se considera anomalía secundaria:

☐ a. Aparato a gas tipo B que carece de conducto de evacuación de los productos de la combustión o que disponiendo del mismo está ubicado en un local de V ≤ 8 m^3 que carece de orificio de ventilación

☐ b. Deficiencias apreciables en los conductos de evacuación de los productos de la combustión

☐ c. Tubo flexible de elastómero en contacto con las paredes calientes de un horno u otros aparatos de cocción

☐ d. Local con volumen insuficiente cuando el consumo calorífico total de los aparatos de cocción instalados en el mismo sea superior a 16 kW

10. En instalaciones de potencia útil nominal superior a 70 kW para gases menos densos que el aire no se considera anomalía principal, en caso de fuga de gas y midiendo el caudal del mismo:

☐ a. Si el caudal de fuga es superior a 5 l/h de gas

☐ b. Salas de máquinas en el que el caudal de fuga es superior a 1 l/h

☐ c. Instalación en aptitud de uso pendiente de corrección, si el caudal de fuga se encuentra entre 1 l/h y 5 l/h

☐ d. No midiendo el caudal de fuga, en este caso se considera siempre la instalación no apta para su uso

11. Indica cuál de los siguientes supuestos no es anomalía principal en instalaciones receptoras individuales de potencia útil igual o inferior a 70 kW:

☐ a. Aparato tipo A no conducido y sin dispositivo de control de contaminación de atmósfera (As) instalado en local de V ≤ 8 m^3 y que carece de ventilación

☐ b. Extractor mecánico, campana extractora de cocina o aparato a gas que dispone incorporado al mismo un sistema de extracción forzada, conectados a la misma chimenea donde también tienen salida los productos de la combustión de aparatos a gas de tipo natural

☐ c. Aparato a gas tipo B que carece de conducto de evacuación de los productos de la combustión o que disponen del mismo está ubicado en un local de V ≤ 8 m^3 que carece de orificio de ventilación

☐ d. Aparato a gas de tipo B que está ubicado en un local de V > 8 m^3 que carece de orificio de ventilación

12. Se consideran anomalías secundarias:

☐ a. Aquellas que por su propia naturaleza se debe reparar en el mismo momento de su detección. En caso de que no sea posible, se debe interrumpir el suministro de gas a la instalación receptora, parcial o totalmente, o al aparato de gas afectado, según proceda

☐ b. Aquellas que por su propia naturaleza no precisan cortar el suministro de gas a la instalación. El usuario debe proceder a su corrección en el plazo máximo de 6 meses

☐ c. Aquellas faltas de estanquidad consideradas como anomalías secundarias que deben repararse en el menor tiempo posible y siempre en un plazo inferior a 15 días naturales

☐ d. La b) y la c) son correctas

13. En instalaciones receptoras individuales de potencia útil nominal superior a 70 kW no se considera anomalía secundaria, para gases menos densos que el aire:

☐ a. Fuga de gas, localizada en un espacio interior del edificio considerado como emplazamiento no peligroso

☐ b. Inexistencia o difícil accesibilidad de la válvula general de usuario

☐ c. Estado general de conservación de la instalación defectuoso

☐ d. Inexistencia, deterioro o caducidad de la revisión del extintor de polvo seco

14. Cuál de las siguientes siglas corresponde al término anomalía principal en las instalaciones receptoras comunes:

☐ a. CP   ☐ c. CPS

☐ b. ISa   ☐ d. IPa

15. Indica cuál de los siguientes supuestos es anomalía principal en instalaciones receptoras individuales de potencia útil igual o inferior a 70 kW:

☐ a. Llaves de aparatos conectados que no estén cerradas y taponadas

☐ b. Tubo flexible inadecuado, conexión defectuosa del mismo o en contacto con parte caliente

☐ c. Estado general de conservación de la instalación defectuoso, o utilización de materiales o técnicas de unión inadecuados

☐ d. Tubo flexible visiblemente dañado

16. En instalaciones receptoras comunes para gases menos densos que el aire, si la fuga de gas está localizada en un espacio interior del edificio, considerado como emplazamiento peligroso, se considera:

☐ a. Anomalía secundaria   ☐ c. No es ninguna anomalía

☐ b. Anomalía principal   ☐ d. Defecto menor

17. En instalaciones receptoras comunes se considera anomalía principal:

☐ a. Fuga de gas superior a 5 l/h

☐ b. Conjunto de regulación situado en un local interior del edificio ubicado en un armario que no ventile directamente al exterior

☐ c. Ventilación del recinto de centralización de contadores insuficiente o incorrecta

☐ d. Evidente mal estado de conservación de la instalación eléctrica en recinto de contadores

18. ¿Cuál de las siguientes situaciones es anomalía principal?

☐ a. Aparato a gas de tipo B que está ubicado en un local de V > 8 m^3 que carece de orificio de ventilación

☐ b. Tubo flexible visiblemente dañado

☐ c. Estado general de la instalación defectuosa

☐ d. Local con ventilación inadecuada

19. En instalaciones de potencia útil nominal superior a 70 kW, ¿cuál de las siguientes situaciones es anomalía principal?

☐ a. Utilización de materiales o técnicas de unión inadecuadas

☐ b. Inexistencia o difícil accesibilidad de la válvula general de usuario

☐ c. Fuga de gas

☐ d. La instalación eléctrica de ERM incumple con la normativa vigente

20. ¿Cuál de las siguientes abreviaturas corresponde a anomalía secundaria del control periódico de las instalaciones receptoras comunes?

☐ a. IPa

☐ b. IPb

☐ c. IPc

☐ d. CS

TEST N.º 23 · UNE 60670 . Parte 13. Criterios técnicos básicos para el control periódico de los aparatos a gas de las instalaciones receptoras en las instalaciones receptoras en servicio

1. La comprobación del revoco se debe realizar cuando existan aparatos:

☐ a. Tipo B de tiro natural

☐ b. Tipo B de tiro forzado

☐ c. Tipo C de circuito estanco

☐ d. Aparatos suspendidos de calefacción por radiación

2. La concentración de CO ambiente se comprobará cuando existan:

☐ a. Cocinas, encimeras y hornos

☐ b. Generadores de aire caliente según UNE-EN 525

☐ c. Aparatos de circuito abierto conducidos tipo B

☐ d. Aparatos suspendidos de calefacción por radiación tipo A

3. Se considera que la combustión es no higiénica (anomalía principal) cuando la concentración de CO corregido en los productos de la combustión, supere el valor de:

☐ a. 200 ppm

☐ b. 1.000 ppm

☐ c. 500 ppm

☐ d. 1.500 ppm

4. La medición de CO ambiente en instalaciones de uso doméstico se debe realizar poniendo en marcha el aparato a gas a régimen estacionario y en el caso de aparatos tipo B de tiro natural, a máxima potencia. Desde la puesta en marcha del aparato o el tiempo mínimo necesario para conseguir el régimen estacionario hasta la medición de la concentración del CO ambiente, deberán transcurrir:

☐ a. 2 minutos

☐ b. 5 minutos

☐ c. 10 minutos

☐ d. 30 minutos

5. De las siguientes anomalías secundarias, ¿cuál de ellas no se considera anomalía secundaria? (señala la falsa)

☐ a. Funcionamiento incorrecto de los dispositivos de seguridad por extinción o detección de llama en los aparatos a gas que deben disponer de ellos

☐ b. Imposibilidad de comprobación de los productos de la combustión del aparato cuando sea de tipo B

☐ c. Concentración de CO ambiente en el local de menos de 15 ppm

☐ d. Interferencia de la campana extractora en el funcionamiento a gas

6. La concentración de CO ambiente se mide en el local mediante un analizador adecuado, situado aproximadamente a:

☐ a. 0,50 m del aparato y 2 m de altura

☐ b. 1 m del aparato y 1,80 m de altura

☐ c. 1 m del aparato y 2 de altura

☐ d. 0,30 m del aparato y 1,80 m de altura

7. En el control periódico de aparatos a gas de una instalación individual, se considera anomalía principal cuando la concentración de CO ambiente:

☐ a. Sea menor a 15 ppm

☐ b. Esté comprendida entre 15 y 50 ppm

☐ c. Sea superior a 50 ppm

☐ d. Sea superior a 60 ppm

8. La comprobación del revoco se debe realizar mediante un sistema adecuado, debiéndose considerar como anomalía principal cuando:

☐ a. Se detecte el primer revoco

☐ b. Se detecten revocos continuados

☐ c. Se detecten revocos no continuados

☐ d. En la comprobación del revoco no existe la anomalía principal

9. ¿En cuál de los siguientes aparatos no será necesaria la realización de la comprobación de la combustión de los quemadores, mediante un analizador de combustión adecuado?

☐ a. Aparatos de circuito abierto conducidos (tipo B)

☐ b. Aparatos de circuito estanco (tipo C)

☐ c. Vitrocerámicas de fuegos cubiertos y generadores de aire caliente según UNE-EN 525

☐ d. Aparatos suspendidos de calefacción por radiación

10. La inexistencia de dispositivo de control de contaminación de la atmosfera en aquellos aparatos que reglamentariamente lo requieran, está considerada como:

☐ a. Anomalía secundaria

☐ b. Anomalía principal

☐ c. Defecto

☐ d. Defecto principal

11. ¿Cómo se realizará la toma de muestras en las vitrocerámicas de fuegos cubiertos?

☐ a. Se realizará la medida en cada uno de los fuegos, colocando la sonda apoyándola horizontalmente en el conducto de salida de los PdC, procurando que sea el centro del conducto

☐ b. Se realizará la medida en cada uno de los fuegos a máxima y mínima potencia, colocando la sonda apoyándola horizontalmente en el conducto de salida de los PdC, procurando que sea el centro del conducto

☐ c. Se realizará la medida en el fuego de mayor potencia, colocando la sonda apoyándola horizontalmente en el conducto de salida de los PdC, procurando que sea el centro del conducto

☐ d. Se realizará la medida en el fuego de menor potencia, colocando la sonda apoyándola horizontalmente en el conducto de salida de los PdC, procurando que sea el centro del conducto

12. Procedimiento para realizar la medición del CO ambiente en locales que dispongan de aparatos suspendidos de calefacción por radiación de evacuación de tipo A (señala la falsa):

☐ a. Todos los aparatos funcionarán a máxima potencia y en régimen estacionario

☐ b. Después de 15 minutos de funcionamiento se determinará la concentración de CO

☐ c. Se verificará durante todo el proceso que los aparatos sigan funcionando al máximo

☐ d. Después de 1 h de funcionamiento se determinará la concentración de CO diluido en el ambiente

13. Para la obtención de los valores de la medida del CO ambiente en locales que dispongan de aparatos suspendidos de calefacción por radiación tipo A:

☐ a. La sonda se debe dejar en cada posición de medida al menos 1 minuto

☐ b. La sonda se debe situar a una altura de 1,5 m

☐ c. El valor de CO no puede oscilar

☐ d. Cuando el valor puede estar permanentemente oscilando, se observarán los valores alcanzados durante 1 minuto registrando el valor lo más cercano posible al máximo observado

14. ¿Cuándo se considera una interferencia moderada (AS-2) por la campana extractora en un aparato a gas?

☐ a. CO-ambiente superior a 10 ppm

☐ b. CO_2-ambiente menor a 2.000 ppm

☐ c. CO entre 15 y 50 ppm o CO_2 entre 2.500 y 5.000 ppm

☐ d. CO superior a 60 ppm en menos de 5 minutos

TEST N.º 24 · ITC-ICG 08. Aparatos de gas

1. Se entiende como puesta en marcha de un aparato:

☐ a. Si funciona de acuerdo con los parámetros de seguridad establecidos por el fabricante

☐ b. La verificación del mismo en cuanto a su ubicación

☐ c. La verificación de que el mismo en su ubicación e instalación definitivas, funciona de acuerdo con los parámetros de seguridad establecidos por el fabricante

☐ d. La verificación del mismo en cuanto a su instalación

2. Solo se permitirá la comercialización y puesta en marcha de los aparatos:

☐ a. Que, en condiciones normales de funcionamiento, no pongan en peligro la seguridad de personas, de animales, ni de bienes

☐ b. Si no cumplen las disposiciones de esta ITC

☐ c. Que en condiciones normales de funcionamiento, no pongan en peligro la seguridad de las personas

☐ d. Cuando entrañen riesgos para la seguridad de las personas, de los animales domésticos o bienes

3. Todos los aparatos deberán llevar en un lugar visible:

☐ a. Una placa

☐ b. Un adhesivo

☐ c. Un cartel pequeño

☐ d. Una placa de características

4. El manual de información técnica destinado al instalador deberá contener todas las instrucciones de instalación, de regulación y de mantenimiento necesarias para la correcta ejecución de dichas funciones y para la utilización segura del aparato, deberá precisar en particular (señala la falsa):

☐ a. Tipo de gas utilizado, presión de suministro, consumo nominal y la cantidad de aire nuevo exigido

☐ b. Condiciones de evacuación de los gases de la combustión

☐ c. Operaciones necesarias para limpieza y mantenimiento

☐ d. Instrucciones sobre las operaciones de adaptación del aparato a os distintos tipos de gases, cuando corresponda, y una indicación de que estas solo pueden ser llevadas a cabo por personal autorizado

5. Las instrucciones de uso y mantenimiento destinadas al usuario deberán incluir toda la información necesaria para el uso en condiciones de seguridad, y en particular:

☐ a. Las posibles restricciones referidas a su uso, en especial incluirán una advertencia indicando la limitación de uso, en el caso de aparatos para uso exclusivo al aire libre o en lugar suficientemente ventilado, según proceda

☐ b. La advertencia de que los reglajes y modificaciones solo pueden ser realizados por personal competente

☐ c. Los requisitos de montaje para generadores con quemadores

☐ d. Evitar acumulación de gas no quemado en los locales

6. Los procedimientos de certificación de conformidad serán:

☐ a. El Examen de tipo, la Declaración de conformidad con el tipo y la Evaluación

☐ b. El Examen de tipo, la Verificación de conformidad de la producción y el Seguimiento por unidad

☐ c. El Examen de tipo, según el procedimiento descrito en el capítulo 1 del anexo 1 de esta ITC

☐ d. La Solicitud, la Verificación de conformidad de la producción y la Verificación por unidad

7. Se entenderá que los aparatos están en «condiciones de funcionamiento» cuando se cumpla simultáneamente que:

☐ a. Estén correctamente instalados y sean sometidos a mantenimiento periódico, de conformidad con las instrucciones del fabricante

☐ b. Se utilicen con la variación del índice de Wobbe y de la presión de suministro reconocidas y publicadas en el «Diario Oficial de la UE»

☐ c. Se utilicen de acuerdo con los fines previstos

☐ d. Todas son correctas

8. Cuando la conexión de los aparatos se haga a través de un tubo flexible elastomérico con abrazadera, la podrá realizar:

☐ a. El instalador autorizado por la empresa instaladora

☐ b. El usuario

☐ c. La empresa suministradora

☐ d. Todas son correctas

9. La puesta en marcha, mantenimiento y reparación de los aparatos de gas conducidos (aparatos tipo B y C) de más de 24,4 kW de potencia útil o de vitrocerámicas a gas de fuegos cubiertos, la podrá realizar:

☐ a. El servicio técnico de asistencia de cualquier fabricante

☐ b. Una empresa instaladora de gas

☐ c. Instaladores de gas por acreditación del fabricante o por poseer certificación de una entidad acreditada para la certificación de personas

☐ d. La empresa suministradora

10. La adecuación de aparatos por cambio de familia de gas podrá ser realizada por:

☐ a. El instalador de gas de categoría B y acreditación del fabricante

☐ b. El servicio técnico del fabricante siempre que posea un sistema de calidad certificado

☐ c. El instalador de gas de categoría A y acreditación del fabricante

☐ d. Son correctas todas

11. Todos los aparatos a gas se pondrán en el mercado acompañados de los siguientes documentos:

☐ a. Manual de información técnica destinado al instalador e instrucciones de uso y mantenimiento para el usuario

☐ b. Solo es obligatorio el manual técnico destinado al instalador y este elaborará un manual de uso para el usuario

☐ c. No está reglamentado

☐ d. Solo es obligatorio el manual de usuario, el técnico tiene conocimientos suficientes para su instalación

12. Los equipos se suministrarán acompañados de:

☐ a. Únicamente instrucciones para su instalación y regulación, sin incluir información sobre su uso ni sobre tareas posteriores

☐ b. Instrucciones para su instalación y empleo, sin detallar procedimientos de ajuste ni mantenimiento

☐ c. Instrucciones para su instalación, empleo y regulación

☐ d. Instrucciones para su instalación, empleo, regulación y mantenimiento

13. Las comprobaciones mínimas a realizar para la puesta en marcha de los aparatos tipo C (UNE 60670-10) de gas conectados a instalaciones receptoras serán:

☐ a. Correcto montaje del aparato, medición del CO ambiente

☐ b. Correcto montaje del aparato, estanquidad de la conexión del aparato, análisis de los productos de la combustión

☐ c. Correcto montaje del aparato, análisis de la combustión y tiro del conducto de evacuación

☐ d. Las respuestas b) y la c) son correctas

TEST N.º 25 · ITC-ICG 08. Anexo 1. Procedimientos de certificación de la conformidad de los aparatos de gas

1. Se entiende como «Examen de tipo»:

  ☐ a. Si cumple el aparato en los requisitos y normas que le son aplicables

  ☐ b. Al procedimiento por el cual un organismo de control comprueba y certifica que un aparato representativo de la producción en cuestión, cumple los requisitos y normas que le son aplicables

  ☐ c. Al procedimiento por el cual un organismo de control comprueba sin certificar que un aparato representativo de la producción en cuestión, cumple los requisitos y normas que le son aplicables

  ☐ d. Si el aparato funciona de acuerdo con los parámetros de seguridad establecidos por el fabricante

2. El organismo de control:

  ☐ a. Examinará la documentación de diseño y comprobará que el tipo ha sido fabricado de acuerdo con la misma

  ☐ b. Realizará los ensayos que procedan

  ☐ c. Realizará las pruebas necesarias para comprobar si las soluciones adoptadas por el fabricante cumplen los requisitos indicados en las normas de examen de tipo

  ☐ d. Todas son correctas

3. En el procedimiento de garantía de calidad de producción:

  ☐ a. El fabricante garantiza la conformidad de los aparatos con el tipo descrito en el certificado de examen de tipo, pudiendo haber en la producción modificaciones de los aparatos fabricados

  ☐ b. Es aquel por el cual un fabricante garantiza la conformidad de los aparatos con el tipo descrito en el certificado de examen de tipo mediante un sistema de calidad de producción o del producto de acuerdo con los criterios establecidos en la norma UNE-EN ISO 9001 para aseguramiento de la calidad de la producción

  ☐ c. Es aquel que se basa en un sistema de calidad implementado por el fabricante, este sistema no estará sometido a evaluación ni certificación por parte de un organismo de control autorizado

  ☐ d. Es aquel por el cual el fabricante garantiza la conformidad de los aparatos, sin tener en cuenta los criterios establecidos en la norma UNE-EN ISO 9001

4. Cuando el tipo cumpla todas las disposiciones aplicables, el organismo de control expedirá al solicitante:

☐ a. Un certificado

☐ b. Un diploma

☐ c. Un certificado de examen de tipo

☐ d. Un certificado de aparato

5. En la «Verificación de conformidad de la producción»:

☐ a. Esta se realizará después de la comercialización de los aparatos

☐ b. Los aparatos fabricados en el proceso de producción pueden ser diferentes a tipo aprobado

☐ c. El fabricante adopta todas las medidas necesarias para que el proceso de fabricación, incluidas la inspección y las pruebas finales de producto, garanticen la homogeneidad de la producción y conformidad de los aparatos con el tipo descrito en el certificado de examen tipo

☐ d. La verificación no se realizará por un organismo de control

6. En la «Declaración de conformidad con el tipo»:

☐ a. El fabricante garantiza la conformidad de los aparatos con el tipo descrito en el certificado de examen de tipo, mediante exámenes periódicos de los aparatos fabricados, que efectúa un organismo de control

☐ b. El organismo de control realizará controles con aviso previo

☐ c. El organismo de control realizará controles de los aparatos in situ, a intervalos máximos de 6 meses

☐ d. Si el organismo de control rechaza uno o más aparatos, se le retirará al titular el certificado de examen tipo

7. El fabricante presentará una solicitud de aprobación de su sistema de calidad a un organismo de control. La solicitud incluirá (señala la falsa):

☐ a. La documentación relativa al sistema de calidad, específica para la fabricación del aparato de que se trate

☐ b. La documentación relativa al tipo aprobado

☐ c. Copia del certificado de examen de tipo

☐ d. Un aparato representativo

8. En la «Evaluación»:

☐ a. El organismo de control carecerá de la facultad para emitir un juicio sobre la validez o adecuación del sistema de calidad adoptado por el fabricante, aunque este sea parte del procedimiento de evaluación

☐ b. El fabricante no tendrá la obligación de comunicar al organismo de control los cambios introducidos en su sistema de calidad como consecuencia de la incorporación de nuevas tecnologías, mejoras o ajustes en los procesos

☐ c. Si se detectan modificaciones en el sistema de calidad, el organismo de control interrumpirá automáticamente el proceso de producción, sin posibilidad de evaluación ni corrección previa por parte del fabricante

☐ d. El organismo de control evaluará la documentación del sistema de calidad enviada por el fabricante, verificando si esta es completa y ajustada para el aparato de que se trate, y que está actualizada

9. En el «Seguimiento»:

☐ a. Se comprobará que el fabricante cumple correctamente las obligaciones derivadas del sistema de calidad aprobado

☐ b. El fabricante enviará semestralmente al organismo de control la documentación acreditativa del mantenimiento del sistema de calidad aprobado, expedida por el organismo de certificación del mismo

☐ c. El organismo de control, en caso de duda, no podrá solicitar el envío de una muestra de la producción seleccionada

☐ d. El organismo de control no puede enviar la muestra a un organismo independiente con objeto de verificar si cumple con los requisitos aplicables

10. En la «Verificación por unidad»:

☐ a. El fabricante del aparato no le hace falta presentar ninguna solicitud de examen de verificación de unidad a un organismo de control

☐ b. Es el procedimiento mediante el cual un organismo de control comprueba y certifica que un aparato en concreto y de forma independiente cumple los requisitos contemplados en la normativa vigente que le sea aplicable

☐ c. Si el aparato no cumple con las disposiciones aplicables, el organismo de control expedirá al fabricante el certificado de modificaciones de la unidad

☐ d. Siempre el organismo de control realizará los exámenes y ensayos antes de instalar el aparato

TEST N.º 26 · ITC-ICG 08. Anexo 2. Placa de características de los aparatos a gas

1. Cada aparato incorporará una placa de características:

☐ a. En caracteres no indelebles

☐ b. En cualquier parte del aparato

☐ c. De forma frágil y no duradera

☐ d. De forma visible y legible

2. La placa de características incorporará al menos la siguiente información (señala la falsa):

☐ a. El nombre y/o la marca del fabricante, en su caso, el nombre y la dirección del importador

☐ b. La denominación comercial del aparato (marca y modelo), el número de serie o fabricación, la categoría del aparato y la naturaleza y la tensión de la corriente eléctrica

☐ c. El tipo de gas con la presión, en relación con el tipo de gas que corresponda

☐ d. El consumo calorífico nominal, expresado en (kW), sobre el poder calorífico superior (HS)

3. La placa de características también incorporará, la siguiente advertencia:

☐ a. Este aparato se instalará de acuerdo con las normas en vigor, y se utilizará únicamente en lugares suficientemente ventilados. Consultar las instrucciones antes de la instalación y el uso de este aparato

☐ b. Este aparato es de circuito estanco

☐ c. Este aparato es de uso exclusivo al aire libre

☐ d. La a) y c) son correctas

4. Las placas autoadhesivas:

☐ a. Al frotarlas, el marcado se volverá ilegible

☐ b. Deben despegarse y decolorarse

☐ c. Resistirán la temperatura y la humedad

☐ d. Los marcados sobre los mandos sí que no hace falta que permanezcan visibles después de la manipulación y el frotado resultante de la operación manual

5. La verificación de la indelebilidad de los marcados, corrosión y adherencia de la placa:

☐ a. No existe ningún procedimiento de las cualidades físico-mecánicas

☐ b. Si la placa es metálica, no se protegerá contra la corrosión

☐ c. Cumplirán lo indicado en la norma UNE 60750

☐ d. Después de la verificación de los ensayos efectuados podrán deformarse y despegarse

TEST N.º 27 · ITC-ICG 08. Anexo 3. Prescripciones y pruebas de aparatos de gas no incluidos en normas específicas

1. Quedarán excluidos los aparatos, en los que no existe una norma específica:

☐ a. Los que utilicen un gas de distinta familia, aunque no estuviera reflejado en la homologación inicial

☐ b. En uso ya homologados

☐ c. Se excluirán todos los equipos que utilicen gas como combustible en cualquiera de sus formas, sin importar su aplicación o destino, incluso si cumplen requisitos técnicos generales

☐ d. Que utilicen gas como combustible

2. Las pruebas de funcionamiento se efectuarán con el equipo de combustión trabajando a distintos regímenes de consumo calorífico y se procederá a la comprobación de (señala la falsa):

☐ a. El correcto funcionamiento durante el encendido, verificando el barrido de la cámara de combustión, el encendido de la llama de encendido, las secuencias y maniobras del programador en caso de utilizar equipos de combustión automáticos y que los tiempos máximos de seguridad no sobrepasen los establecidos

☐ b. El correcto funcionamiento del dispositivo de control de llama, de la presión de gas, de la presión del aire y de tiro

☐ c. El consumo calorífico de los quemadores, la temperatura y el análisis de los productos de la combustión

☐ d. Las válvulas automáticas de paso de gas cuando se produce un fallo detectado por alguno de los dispositivos de seguridad, sin medir, el tiempo mínimo de seguridad en la actuación

3. En lo que se refiera a la combustión:

☐ a. Todo aparato deberá fabricarse de manera que, en condiciones normales de utilización, no se produzca un escape de los productos de la combustión

☐ b. Todo aparato que vaya a ser unido a un conducto de evacuación deberán estar construidos de modo que en caso de tiro defectuoso de dicho conducto no se produzca ningún escape de productos de combustión en cantidades peligrosas, que pueda presentar riesgos para la salud de las personas

☐ c. Los valores obtenidos en el análisis de los productos de la combustión cumplirán los límites establecidos siempre que estos estén definidos en la posible normativa parcial aplicada

☐ d. Un organismo acreditado no podrá realizar los ensayos de los productos de la combustión en función del uso y ubicación en funcionamiento del aparato

4. En la prueba de estanquidad se comprobará:

☐ a. La estanquidad del circuito de gas entre la llave del aparato y el quemador, a la presión mínima de utilización

☐ b. La estanquidad del circuito de gas entre la llave del aparato y el quemador, a la presión máxima de utilización

☐ c. No se verificará si existe fuga interna de gas a través de las válvulas de corte del aparato durante la prueba de estanquidad

☐ d. Mediante el acercamiento de una llama

5. En el diseño y construcción (señala la falsa):

☐ a. Los aparatos deberán ser tales que los riesgos de explosión en caso de incendio de origen externo sean mínimos

☐ b. Todas las partes del aparato sometidas a presión deberán resistir, sin deformarse hasta el punto de comprometer la seguridad, las tensiones mecánicas y térmicas a que estén sometidas

☐ c. Las manecillas u órganos de mando o de regulación deberán identificarse de manera precisa e incluir todas las indicaciones útiles para evitar cualquier falsa maniobra. Estarán concebidos de forma que se impidan las manipulaciones involuntarias

☐ d. Los aparatos destinados a ser utilizados en locales, deberán estar en locales sin ventilación o de uso exclusivo al aire libre para evitar una acumulación peligrosa de gas no quemado

6. El diseño y construcción de los aparatos, se efectuará de tal forma que en caso de fluctuación normal de la energía auxiliar:

☐ a. El aparato deberá continuar funcionando de forma totalmente segura

☐ b. El aparato dejará de funcionar y quedará en reposo

☐ c. El aparato dejará de funcionar y adoptará una forma segura

☐ d. Se renunciará su funcionamiento de forma manual

7. Las manecillas y órganos de mando o regulación deberán:

☐ a. Estar alineados con instrucciones precisas de uso

☐ b. Identificarse de forma precisa para evitar falsas maniobras

☐ c. Llevar la identificación del elemento que acciona y su forma de regulación

☐ d. Su inscripción se efectuará con caracteres indelebles

8. Todo aparato estará fabricado de manera que en condiciones normales de funcionamiento:

☐ a. El encendido se realice con facilidad

☐ b. El encendido y reencendido se realice automáticamente

☐ c. El encendido y reencendido se realice con suavidad

☐ d. El encendido se realice manualmente y el reencendido de forma automática

TEST N.º 28 · ITC-ICG 09. Instaladores y empresas instaladoras de gas

1. ¿Qué relación entre el número total de obreros especialistas e instaladores de categoría B debe haber como mínimo?

☐ a. Dos   ☐ c. Siete

☐ b. Uno   ☐ d. Diez

2. La puesta en marcha de los aparatos de gas, mantenimiento y reparación, la podrán realizar los instaladores excepto:

☐ a. Si se trata de aparatos conducidos (aparatos de tipo B y C) de potencia útil superior a 24,4 kW

☐ b. Vitrocerámicas de gas de fuegos cubiertos

☐ c. La adecuación de aparatos por cambio de familia

☐ d. Todas son correctas

3. ¿Qué no podrá realizar un instalador de gas de categoría A?

☐ a. Montaje, modificación o ampliación, revisión, mantenimiento y reparación de las instalaciones receptoras de combustibles gaseosos, incluidas las estaciones de regulación y medida y las acometidas interiores enterradas y las partes de las nstalaciones que discurran enterradas por el exterior de la edificación

☐ b. Las soldaduras de las tuberías de polietileno

☐ c. Instalaciones de almacenamiento de GLP en depósitos fijos

☐ d. Instalaciones de gas en estaciones de servicio para vehículos a gas

4. ¿Qué no podrá realizar un instalador de gas de categoría B?

☐ a. Instalaciones receptoras domésticas, colectivas, comerciales o industriales hasta 5 bar de presión máxima de operación, tanto comunes como individuales y cualquiera

☐ b. Las acometidas interiores enterradas

☐ c. Instalaciones de envases de gases licuados del petróleo para suministro de instalaciones receptoras

☐ d. Instalaciones de GLP de uso doméstico en caravanas y autocaravanas

5. ¿Cómo se llama al documento por el cual se reconoce a una persona física la capacidad personal para desempeñar alguna de las actividades correspondientes a las categorías de los instaladores de gas?

☐ a. Carné de instalador de gas.

☐ b. Certificado de cualificación individual como instalador de gas

☐ c. Certificado de empresa instaladora de gas

☐ d. Certificado de carné de instalador de gas

6. Para la obtención del carné de instalador de gas, el interesado deberá presentar ante el órgano competente de la Comunidad Autónoma:

☐ a. El certificado de cualificación individual como instalador de gas

☐ b. Una solicitud acompañada del certificado de cualificación incividual adecuado a la categoría correspondiente y de documentación que acredite su inclusión en una empresa instaladora de gas

☐ c. El certificado de cualificación individual adecuado a la categoría correspondiente y de documentación que acredite su inclusión en una empresa instaladora de gas

☐ d. La documentación que acredite su inclusión en una empresa ins-aladora de gas

7. ¿Qué no podrá realizar un instalador de gas de categoría C?

☐ a. Instalaciones de presión máxima de operación hasta 0,4 bar, de uso doméstico y situadas, exclusivamente, en el interior de las viviendas

☐ b. Las instalaciones individuales que requieran proyecto

☐ c. Puesta en marcha, mantenimiento y reparación de aparatos de gas no conducidos (aparatos de tipo A) y de aparatos de gas conducidos (aparatos de tipo B y C) de potencia útil hasta 24,4 kW inclusive, que estén adaptados al tipo de gas suministrado, con la excepción de las vitrocerámicas a gas de fuegos cubiertos

☐ d. Puesta en marcha, mantenimiento y reparación de aparatos de gas conducidos (aparatos de tipo B y C) de potencia útil superior a 24,4 kW y vitrocerámicas a gas de fuegos cubiertos, que estén adaptados al tipo de gas suministrado, previa formación y acreditación específicas

8. En caso de grave infracción, el órgano competente de la Comunidad Autónoma podrá suspender cautelarmente las actuaciones de un instalador de gas, mientras no se resuelva el expediente, por un periodo no superior a:

☐ a. 1 mes   ☐ c. 6 meses

☐ b. 3 meses   ☐ d. 1 año

9. La empresa instaladora, antes del inicio de la actividad, presentará ante el órgano competente de la Comunidad Autónoma:

☐ a. Presentarán el certificado de habilitación del instalador

☐ b. Declaración responsable del titular que indique en que categoría va a desarrollar su actividad

☐ c. Treinta instalaciones de gas realizadas

☐ d. Certificado de empresa industrial

10. Para la categoría A, ¿cuántos instaladores deberá al menos disponer la empresa a jornada completa?

☐ a. Uno

☐ b. Dos

☐ c. Tres

☐ d. Cuatro

11. El instalador de gas:

☐ a. Tendrá una autorización de gas expedido por una Comunidad Autónoma

☐ b. Es la persona física que, en virtud de poseer conocimientos teórico-prácticos de la tecnología de la industria del gas y de su normativa, está autorizado para realizar y supervisar las operaciones correspondientes a su categoría

☐ c. De categoría B, podrá realizar todas las operaciones de la categoría A

☐ d. No tiene que ejercer su profesión obligatoriamente en una empresa instaladora

12. Cualquier variación en las condiciones y requisitos establecidos en la concesión del certificado de empresa instaladora de gas, deberá ser comunicada al órgano competente de la Comunidad Autónoma en el plazo de:

☐ a. 1 mes

☐ b. 2 meses

☐ c. 3 meses

☐ d. 6 meses

13. Las obligaciones de las empresas instaladoras de gas, serán (señala la falsa):

☐ a. Disponer del certificado de empresa instaladora de gas en vigor

☐ b. Tener en todo momento, la póliza de seguro, aval u otra garantía financiera

☐ c. Efectuar las pruebas y ensayos reglamentarios bajo su directa responsabilidad y emitir los certificados reglamentarios

☐ d. Garantizar durante un periodo de un año, las deficiencias atribuidas a una mala ejecución de las operaciones que les hayan sido encomendadas, así como las consecuencias que de ellas deriven

TEST N.º 29 · ITC-ICG 10. Instaladores de gases licuados del petróleo (GLP) de uso doméstico en caravanas y autocaravanas

1. Se excluyen del ámbito de aplicación:

☐ a. Las instalaciones y aparatos de GLP para usos domésticos en vehículos habitables de recreo en carretera

☐ b. Los aparatos portátiles que incorporan su propia alimentación de gas

☐ c. Las prescripciones relativas al mantenimiento y control periódico

☐ d. Las caravanas y autocaravanas existentes

2. La ejecución de la instalación de gas será realizada por:

☐ a. El fabricante

☐ b. La empresa instaladora de gas

☐ c. La empresa suministradora

☐ d. El servicio técnico de los aparatos

3. Para la verificación de la estanquidad, ¿qué manómetro se utilizará y cuánto tiempo debe transcurrir, como mínimo, para considerar la prueba correcta desde el momento en que se efectuó la primera lectura?

☐ a. 0 a 50 mbar, clase 1, divisiones de escala de 20 mbar

☐ b. 0 a 1 bar, clase 1, divisiones de escala de 20 mbar

☐ c. 0 a 1 bar, clase 2, divisiones de escala de 20 mbar

☐ d. 0 a 1 bar, clase 1, divisiones de escala de 10 mbar

4. La presión de funcionamiento de los aparatos de gas deberá ser de:

☐ a. 18 mbar

☐ b. 20 mbar

☐ c. 30 mbar

☐ d. 50 mbar

5. El titular de la instalación deberá encargar a una empresa instaladora la revisión de la instalación y aparatos de GLP, cada:

☐ a. Año

☐ b. 2 años

☐ c. 4 años

☐ d. 5 años

TEST N.º 30 · UNE-EN 1949: 2022

1. La UNE–EN 1949, no es de aplicación para los siguientes casos (señala la falsa):

☐ a. Instalaciones que utilicen gases que sean de la 3.ª familia

☐ b. Los aparatos portátiles que incorporen su propia instalación de gas

☐ c. La instalación de aparatos de GLP utilizados para fines comerciales o en barcos

☐ d. Los equipos de alimentación de gas y los aparatos de gas independientes y externos a la carrocería del vehículo

2. La estanquidad se ensayará con aire a una presión de:

☐ a. 50 mbar   ☐ c. 150 mbar

☐ b. 100 mbar   ☐ d. 200 mbar

3. En el alojamiento de las botellas con acceso desde el interior, ¿qué capacidad en kg se permite disponer como máximo?

☐ a. Una botella de capacidad inferior o igual a 11 kg

☐ b. Dos botellas de capacidad inferior o igual a 11 kg cada una

☐ c. Dos botellas de capacidad inferior o igual a 15 kg cada una

☐ d. Tres botellas de capacidad inferior o igual a 16 kg cada una

4. En el alojamiento de las botellas con acceso desde el interior, solo es posible mediante una puerta o una trampilla herméticamente cerrada, cuyo borde inferior esté a una distancia del suelo del alojamiento de:

☐ a. Superior a 50 mm   ☐ c. Superior o igual a 30 mm

☐ b. Superior o igual a 15 mm   ☐ d. Superior o igual a 50 mm

5. Si la ventilación de las botellas sin acceso desde el interior se realiza únicamente por la parte inferior, la superficie libre mínima será:

☐ a. Superior al 1 % de la superficie del suelo del alojamiento con un valor mínimo de 100 cm^2

☐ b. Igual al 2 % de la superficie del suelo del alojamiento sin valor mínimo

☐ c. Inferior al 2 % de la superficie del suelo del alojamiento con un valor mínimo de 100 cm^2

☐ d. Superior al 1 % de la superficie del suelo de alojamiento con un valor mínimo de 50 cm^2

6. No se instalará ningún equipo eléctrico, incluido el cableado en el alojamiento de botellas, excepto en:

☐ a. Los equipos para los mandos de accionamiento de la alimentación de gas.

☐ b. Los cables de conexión pasarán por el alojamiento si es el único paso.

☐ c. Los equipos para los mandos, si son de baja tensión, sí se pueden instalar.

☐ d. Los cables soportarán un impacto equivalente a AG3.

7. En la ventilación del alojamiento de las botellas sin acceso desde el interior, si la ventilación está asegurada en la parte superior e inferior del alojamiento, la superficie libre de cada una de las partes debe ser:

☐ a. Superior al 1 % de la superficie del suelo del alojamiento con un mínimo de 50 cm² para cada una

☐ b. Igual al 2 % de la superficie del suelo del alojamiento con un mínimo de 100 cm² para cada una

☐ c. Superior al 2 % de la superficie del suelo del alojamiento con un mínimo de 50 cm² para cada una

☐ d. Inferior al 1 % de la superficie del suelo del alojamiento con un mínimo de 100 cm² para cada una

8. En la ventilación del alojamiento de las botellas con acceso desde el interior, puede realizarse una ventilación permanente mediante conducto si se cumple (señala la falsa):

☐ a. Solo se puede instalar un máximo de 2 botellas con una capacidad máxima combinada de 7 kg

☐ b. El diámetro interior del conducto debe ser 20 mm

☐ c. La longitud máxima del conducto debe ser inferior o igual a 5 veces el diámetro interno del mismo

☐ d. El conducto debe ascender de forma continua en toda su longitud hacia el exterior del vehículo

TEST N.º 31 · UNE-EN 1949:2022

1. El marcado de la presión de servicio:

☐ a. No es obligatorio indicar la presión a la que trabaja la instalación y puede omitirse sin que afecte al cumplimiento normativo

☐ b. Basta con colocar una etiqueta adherida a la tubería, sin necesidad de que esta tenga un formato o contenido específico

☐ c. La información sobre la presión podrá mostrarse por cualquier método y se expresará en bar, sin requisitos específicos de formato o permanencia

☐ d. Se indicará de forma duradera con una etiqueta que indique la presión expresada en mbar

2. Los vehículos de carretera deben evitar que:

☐ a. Se alimente a una presión superior a 150 mbar

☐ b. Se alimente a una presión inferior a 150 mbar

☐ c. Se alimente a una presión superior a 160 mbar

☐ d. Se alimente a una presión inferior a 160 mbar

3. Si el dispositivo de protección incorpora una válvula de seguridad de sobrepresión, ¿cómo debe utilizarse?

☐ a. De forma segura

☐ b. De forma que la descarga sea evacuada en el interior del alojamiento de las botellas

☐ c. De forma que la descarga sea evacuada en el interior o directamente al exterior del alojamiento de las botellas

☐ d. Siempre al exterior del vehículo

4. Conexión de una alimentación externa de GLP mediante acoplamiento rápido, ¿cómo se efectuará?

☐ a. Se permitirá únicamente su instalación de manera temporal, sin que forme parte fija de la instalación habitual de gas

☐ b. La conexión se realizará directamente a un dispositivo inversor, encargado de seleccionar automáticamente entre las distintas fuentes de suministro.

☐ c. Si se utiliza un acoplamiento rápido para la conexión de una alimentación externa se realizará de forma provisional y se conectará a un inversor que active una de las dos fuentes

☐ d. Si se utiliza un acoplamiento rápido para la conexión de una alimentación externa se realizará de forma permanente y se conectará a un inversor que active una de las dos fuentes

5. En una conexión de una alimentación externa de GLP mediante acoplamiento rápido, ¿cuál será la presión de entrada de la alimentación exterior?

☐ a. No debe ser inferior a 0,30 bar y no sobrepasar los 0,5 bar

☐ b. No debe ser inferior a 0,22 bar y no sobrepasar los 0,5 bar

☐ c. No debe ser inferior a 0,30 bar y no sobrepasar los 2,2 bar

☐ d. No debe ser inferior a 0,5 bar y no sobrepasar los 2,2 bar

6. ¿Cuáles son los materiales que podrán utilizarse en las tuberías?

☐ a. Cobre según UNE 1057

☐ b. Acero soldado o sin soldadura

☐ c. Acero inoxidable

☐ d. Cobre según UNE 1057, acero soldado, acero sin soldadura o acero inoxidable

7. En las conexiones de las tuberías (señala la falsa):

☐ a. Las conexiones metálicas deben ser de los siguientes tipos: mecánica con anillo de apriete, por capilaridad, mecánica abocardada, por compresión y roscada para boquilla

☐ b. Las tuberías deben unirse mediante soldadura blanda

☐ c. No deben utilizarse conexiones de plástico

☐ d. Las conexiones que utilizan juntas de caucho o plástico, deben utilizarse únicamente para la conexión de las botellas y de los sistemas de regulación

8. La distancia mínima entre una tubería de gas y sus accesorios a las líneas de alimentación eléctrica debe ser:

☐ a. 3 cm en los puntos de intersección y 1 cm en trazados paralelos

☐ b. 1 cm en los puntos de intersección y 3 cm en trazados paralelos

☐ c. 1 cm en trazados paralelos y 1 cm en los puntos de intersección

☐ d. 5 cm en trazados paralelos y 2 cm en los puntos de intersección

9. Cuando una encimera de cocción requiera ser desplazada desde la posición de transporte hasta la de uso, se conectará por un flexible de baja presión que cumpla las siguientes condiciones (señala la no correcta):

☐ a. La longitud será lo más corta posible e igual o inferior a 75 cm, además deberá tener una válvula de corte

☐ b. Existirá una válvula de corte y un dispositivo de exceso de caudal situados antes del conjunto de manguera.

☐ c. El flexible debe estar colocado de forma que quede protegido contra tensiones, deterioros mecánicos y sobrecalentamientos.

☐ d. El flexible no debe ser fácilmente accesible y atravesar o estar instalado en el interior de las paredes.

10. Las tuberías de cobre se fijarán a intervalos inferiores o iguales a:

☐ a. 20 cm   ☐ c. 80 cm

☐ b. 50 cm   ☐ d. 1 m

11. En lo referente a la «válvula de corte»:

☐ a. La válvula de cualquier recipiente de alimentación puede utilizarse como válvula general de corte, hasta un máximo de tres botellas

☐ b. Cada aparato debe estar provisto de una válvula individual de corte colocada en la tubería de alimentación

☐ c. Siempre existirá una válvula de corte, aunque únicamente está instalado un aparato

☐ d. Las válvulas de corte situadas en el exterior del vehículo no estarán protegidas contra la suciedad por su colocación

12. Los aparatos de producción de agua caliente de las residencias móviles:

☐ a. Deberán ser obligatoriamente del tipo estanco

☐ b. Pueden ser de circuito abierto e instalarse en dormitorios, cuartos de baño, ducha o zonas de aseo

☐ c. Los aparatos de circuito abierto de consumo calorífico nominal superior a 14 kW pueden instalarse en zonas de estar que disponen de cama auxiliar para uso ocasional

☐ d. Los aparatos de circuito abierto no deben instalarse en los dormitorios, cuartos de baño, duchas, o zonas de aseo de cualquier tipo de residencia móvil, excepto si está en zona estanca y ventilación hacia el exterior

13. Cuando las instrucciones no especifiquen requisitos para la evacuación de los productos de la combustión de los aparatos de producción de agua caliente del circuito abierto, ¿qué distancia como mínimo debe preverse del conducto de evacuación vertical por encima del cortatiros y qué longitud de la terminal instalada en el tejado debe sobrepasar su intersección con el tejado?

☐ a. 50 cm y 50 cm

☐ b. 60 cm y 25 cm

☐ c. 60 cm y 30 cm

☐ d. 20 cm y 80 cm

14. Los terminales de evacuación, ¿a qué distancia como mínimo deben estar colocados del orificio de llenado de combustible o de un venteo del depósito de combustible o de cualquier aireador del sistema de carburante?

☐ a. 30 cm   ☐ c. 50 cm

☐ b. 40 cm   ☐ d. 80 m

15. Los terminales de evacuación colocados sobre una pared en el tejado, para aparatos de gas de consumo de GLP superior a 30 g/h, ¿a qué distancia deben fijarse como mínimo un aireador de la zona de estar o de la parte practicable de una ventana?

☐ a. 30 cm   ☐ c. 80 cm

☐ b. 50 cm   ☐ d. 1 m

TEST N.º 32 · Chimeneas. UNE 123001. Cálculo, diseño e instalación de chimeneas

1. Cuando la chimenea metálica vaya por el interior de un conducto de obra se ha de verificar que, en condiciones de funcionamiento a temperatura ambiente, la temperatura de la pared de los locales colindantes no superará a la temperatura ambiente del proyecto del local en:

☐ a. No superará en 5 ºC la temperatura de proyecto y en cualquier caso no es superior a los 28 ºC

☐ b. Será igual a la temperatura de proyecto

☐ c. Será igual a la temperatura de proyecto y puede superar los 28 ºC

☐ d. No superará los 28 ºC

2. Las chimeneas que discurran por el exterior estarán aisladas a fin de:

☐ a. Disminuir el tiro

☐ b. Evitar la formación de condensados y la pérdida de tiro

☐ c. Aumentar la temperatura

☐ d. Formar condensados

3. La temperatura de la pared exterior en todo el recorrido de la chimenea que discurra por el exterior del edificio en condiciones normales de funcionamiento no superará:

☐ a. 50 ºC   ☐ c. 100 ºC

☐ b. 70 ºC   ☐ d. 120 ºC

4. El tramo horizontal o conducto de unión, en las chimeneas que prestan servicio a un solo aparato de calefacción:

☐ a. La longitud no importa

☐ b. Será lo más corto posible

☐ c. Debe ser recto y con pendiente de 45 °C

☐ d. Se evitarán los codos

5. Una vez puesta en marcha y con el generador funcionando a la máxima potencia nominal y una vez alcanzada la temperatura máxima de funcionamiento del generador y en régimen de temperatura estable, se debe comprobar:

☐ a. Que se han seguido las indicaciones técnicas y de seguridad proporcionadas por el fabricante en su documentación oficial

☐ b. La existencia de las aberturas de ventilación

☐ c. Que la temperatura de la superficie exterior no supera los 80 °C

☐ d. Que existe el tiro necesario, que la temperatura de salida de humos es inferior o igual a la clase de temperatura de la designación de la chimenea, la estanquidad a los humos y condensados y que la temperatura de la pared exterior no supere el valor máximo establecido, en función del material de la superficie exterior

6. En las chimeneas que prestan servicio a un solo aparato de calefacción, en la base del tramo vertical se dispondrá de:

☐ a. Un registro de inspección

☐ b. Un registro de limpieza y drenaje

☐ c. Una zona de recogida de condensados y pluviales

☐ d. Todas son correctas

7. En las chimeneas colectivas que prestan servicio a más de un aparato de calefacción tipo B, el conducto colectivo tendrá una longitud y diámetro mínimo de:

☐ a. 2,5 m y 120 mm

☐ b. La altura equivalente entre plantas y 120 mm

☐ c. 3 m y 100 mm

☐ d. La altura equivalente entre plantas y 150 mm

8. En los remates de las chimeneas colectivas concéntricas (entrada de aire-salida de humos), ¿la entrada de aire a qué distancia, como mínimo, estará por debajo del punto de evacuación de humos?

☐ a. 20 cm   ☐ c. 50 cm

☐ b. 40 cm   ☐ d. 1 m

9. En las distancias respecto a obstáculos exteriores del edificio, ¿cuánto se debe elevar el remate por encima de la parte más alta de cualquier edificación situada en un radio inferior a 10 m respecto a la salida de la chimenea?

☐ a. 1 m   ☐ c. 1,5 m

☐ b. Más de 1 m   ☐ d. 2 m

10. ¿A qué distancia vertical se situará el remate de la chimenea por encima de la propia cumbrera del tejado, si este tiene una inclinación de ≥ 20º?

☐ a. 0,5 m   ☐ c. 1,5 m

☐ b. 1 m   ☐ d. Más de 1 m

11. ¿A qué distancia horizontal se situará el remate de la chimenea por encima de la propia cumbrera del tejado, si este tiene una inclinación de ≥ 20º?

☐ a. 1 m   ☐ c. 2,5 m

☐ b. Más de 1 m   ☐ d. Más de 2,5 m

12. Haciendo referencia a la pregunta anterior, ¿y si la edificación está situada en un radio de entre 10 m y 20 m respecto a la salida de la chimenea?

☐ a. 0,5 m

☐ b. 1 m

☐ c. 1,5 m

☐ d. Más de 0 m (simplemente por encima de la edificación)

13. ¿Cada cuánto tiempo se realizarán las operaciones de mantenimiento?

☐ a. Cada 3 meses   ☐ c. Cada año

☐ b. Cada 10 meses   ☐ d. Cada 2 años

14. La distancia, medida sobre la superficie del tejado o cubierta, desde la chimenea hasta el punto más próximo de la abertura o ventana deberá ser mayor a:

☐ a. 2 m cuando la chimenea está situada por delante de la abertura en el sentido ascendente de la pendiente del tejado y 1 m cuando la chimenea está situada a los lados o detrás de la abertura o ventana en sentido ascendente de la pendiente del tejado

☐ b. 1 m cuando la chimenea está situada por delante de la abertura en el sentido ascendente de la pendiente del tejado y 1 m cuando la chimenea está situada a los lados o detrás de la abertura o ventana en sentido ascendente de la pendiente del tejado

☐ c. 1 m cuando la chimenea está situada por delante de la abertura en el sentido ascendente de la pendiente del tejado y 2 m cuando la chimenea está situada a los lados o detrás de la abertura o ventana en sentido ascendente de la pendiente del tejado

☐ d. 2 m cuando la chimenea está situada por delante de la abertura en el sentido descendente de la pendiente del tejado y 1 m cuando la chimenea está situada a los lados o detrás de la abertura o ventana en sentido descendente de la pendiente del tejado

NOTA: A partir del siguiente test pasamos a solo 3 posibles respuestas

TEST N.º 33

1. Un aparato a gas de tiro forzado que se instale con la salida de los productos de la combustión directamente al exterior a través de una pared, estando la generatriz superior o parte superior del conducto de evacuación en el tramo horizontal, a una distancia de 2,20 m (medidos en sentido vertical) del suelo más próximo con tránsito de personas, ¿guarda el conducto la distancia reglamentaria?

☐ a. No

☐ b. Sí, puesto que está a la distancia reglamentaria

☐ c. No, puesto que no puede dar el conducto al exterior

2. Los aparatos de gas de tipo estanco deberán ser:

☐ a. Fijos

☐ b. Fijos móviles

☐ c. Móviles

3. En aparatos móviles de calefacción, la longitud del tubo flexible no podrá exceder de:

☐ a. 80 cm

☐ b. 60 cm

☐ c. 150 cm

4. En un local destinado a restaurante, existen los siguientes aparatos de gas: una freidora de 30.500 kcal/h, una cocina de 50.000 kcal/h y una caldera de agua caliente de 30.000 kcal/h. Indica la potencia de diseño de la instalación individual:

☐ a. 121.550 kcal/h

☐ b. 104.775 kcal/h

☐ c. Ninguna de las respuestas anteriores es correcta

5. En zonas comunitarias, las tuberías deberán señalizarse:

☐ a. Con una franja roja, al principio de la instalación

☐ b. Con la palabra gas

☐ c. No es necesario señalizar las tuberías

6. ¿Podría empotrarse un tramo de tubería de 1 m?

☐ a. Sí, excepcionalmente si es una tubería que alimenta a un conjunto de regulación

☐ b. No

☐ c. Sí, siempre

7. En instalaciones de gas, para la comprobación del posible revoco en una caldera atmosférica, es necesario:

☐ a. En aparatos de tipo B, cerrar puertas y ventanas del local, con la campana extractora apagada

☐ b. Cerrar puertas y ventanas del local, con la campana extractora funcionando a máxima potencia

☐ c. Tener las puertas y ventanas abiertas

8. Cuando en una instalación receptora de gas natural la presión de operación es de 3 bar, la presión de prueba deberá ser de:

☐ a. 3,5 bar   ☐ b. 7 bar   ☐ c. 1 bar

9. En instalaciones con presiones hasta 5 bar, con potencias superiores a 70 kW, suministradas con GLP, las revisiones periódicas reglamentarias deberán realizarse:

☐ a. Desde la llave de abonado hasta las llaves de aparatos, excluidos estos

☐ b. Desde la llave de abonado hasta las de los aparatos, incluidos estos

☐ c. Desde el regulador hasta los aparatos

10. En una sala de máquinas que alberga generadores de calor, cuya potencia útil nominal sea superior a 60.200 kcal/h, que utiliza combustibles gaseosos y que está situada en un semisótano en el interior de un edificio, ¿cuál es el máximo desnivel que puede existir, con carácter general, entre el suelo de la sala de calderas y el suelo del exterior de la calle o del terreno colindante?

☐ a. 0,6 m   ☐ b. 4 m   ☐ c. 6 m

11. ¿Cuál es la distancia mínima que debe existir entre la entrada inferior de aire para combustión y ventilación de una sala de calderas de potencia superior a 70 kW, con cualquier otra abertura distinta de la entrada de aire, practicada en la sala de máquinas?

☐ a. 60 cm   ☐ b. 15 cm   ☐ c. 50 cm

12. Referente al mantenimiento de una instalación receptora, alimentada desde una red de distribución, ¿cada cuánto tiempo deberá realizar la inspección el Distribuidor de gases combustibles por canalización de sus respectivos usuarios?

☐ a. Cada 5 años

☐ b. Cada 4 años

☐ c. Cada 5 años, siempre y cuando el usuario lo estime oportuno

13. En una instalación de GLP para uso propio, con envases de capacidad unitaria superior a 15 kg y contenido total de GLP en envases instalados hasta 70 kg en caseta, ¿qué distancia debe existir entre los envases y el registro de alcantarillas?

☐ a. Mayor a 1,5 m   ☐ b. Mayor a 0,5 m   ☐ c. Mayor a 2 m

14. ¿Procede realizar un certificado emitido por un instalador, de una instalación de GLP para usos domésticos en caravanas y autocaravanas para que estas se consideren en disposición de servicio?

☐ a. No es necesario

☐ b. Sí es necesario

☐ c. Depende de si es autocaravana o caravana

15. Según se establece en la norma UNE 60601, ¿se puede instalar un aparato a gas en un local que está situado en un semisótano, cuando el gas suministrado sea más denso que el aire?

☐ a. No se puede en un nivel inferior a un semisótano, pero en un semisótano, sí

☐ b. Sí se puede

☐ c. No se puede

16. ¿Qué dimensiones mínimas en planta debe tener un patio de ventilación, según se establece en la norma UNE correspondiente, cuando se trate de una nueva edificación?

☐ a. 4 m^2 siendo la dimensión del lado menor de 1 m

☐ b. 3 m^2

☐ c. 3 m^2 siendo la dimensión del lado menor de 1 m

17. Los locales técnicos, armarios exteriores o interiores y conductos técnicos destinados como recintos para la ubicación de la centralización de contadores, deberán disponerse para una adecuada ventilación con carácter general mediante:

☐ a. Una abertura en su parte inferior

☐ b. Una abertura en su parte inferior o en la parte superior, dependiendo de si se trata de un gas más denso que el aire o menos denso

☐ c. Una abertura en su parte inferior y otra en la parte superior de 200 cm^2 cada una

18. Qué se entiende por «instalación común»:

☐ a. Conjunto de conducciones y accesorios comprendidos entre la llave de edificio, o la llave de acometida si aquella no existe, incluidas estas y las llaves de usuario, excluidas estas

☐ b. Conjunto de conducciones y accesorios comprendidos entre la llave de edificio, o la llave de acometida si aquella no existe, excluidas estas y las llaves de usuario, incluidas estas

☐ c. Ninguna de las respuestas anteriores es correcta

19. En el caso de una tubería de gas vista, por tanto, visible en todo su recorrido, con un diámetro nominal de 30 mm, ¿qué separación máxima debe existir entre los elementos de sujeción de las tuberías, considerando esta como la separación entre dos soportes, en un tramo horizontal, según establece la norma UNE 60670 orientativamente?

☐ a. 2 m   ☐ b. 3 m   ☐ c. 2,5 m

TEST N.º 34

1. En un local, donde se encuentran instalados aparatos a gas de circuito abierto no conducidos (no son de calefacción) con una potencia total de 60 kW, ¿qué volumen bruto mínimo debe tener dicho local?

☐ a. 60 m³

☐ b. 52 m³

☐ c. 8 m³

2. Se puede considerar como «patio de ventilación», tal y como establece la norma UNE 60670, un patio que tiene una superficie de 3 m² cuando se trate de una nueva edificación:

☐ a. No

☐ b. Sí

☐ c. Es independiente si se trata de una nueva edificación o existente

3. ¿En qué grado de gasificación se encontraría una vivienda que tiene una potencia de diseño de la instalación individual de 40.000 kcal/h?

☐ a. Tres

☐ b. Uno

☐ c. Dos

4. ¿Cuál es el consumo volumétrico de un aparato a gas de una instalación receptora, tal y como se establece en la norma UNE 60670 expresado en m³/h, teniendo en cuenta que el poder calorífico superior del gas suministrado es 9.500 kcal/m³ (gas natural) y tiene un consumo calorífico de 12.040 kcal/h?

☐ a. 1,39 m³/h

☐ b. 1,29 m³/h

☐ c. 0,78 m³/h

5. ¿Qué dimensiones mínimas debe tener la ventilación directa superior de un «Local Técnico» destinado a albergar la centralización de contadores situado en una planta baja?

☐ a. No se permite este tipo de instalación

☐ b. 200 cm²

☐ c. 150 cm²

6. ¿Se puede instalar un contador de gas en el interior de una vivienda a una altura mayor que la de los fuegos de una cocina o encimera, si este se encuentra a una distancia de 40 cm de dicha cocina?

☐ a. No se puede

☐ b. Solo si se coloca una pantalla de protección

☐ c. Sí se puede

7. La prueba de estanquidad de una instalación receptora de gas suministrada a una presión de operación de 4 bar, se realizará a una presión de:

☐ a. 5 bar   ☐ b. 6 bar   ☐ c. 7 bar

8. En una instalación receptora individual, ¿se puede colocar una campana extractora de cocina a la misma chimenea donde también desembocan los conductos de evacuación de los productos de la combustión de unas calderas de tiro natural?

☐ a. Sí se puede

☐ b. No se puede

☐ c. Depende de la potencia de la caldera

9. En un local destinado a restaurante, existen los siguientes aparatos de gas, una freidora de 40.500 kcal/h, una cocina de 50.000 kcal/h y una caldera de agua caliente de 30.000 kcal/h. Indicar la potencia de diseño de la instalación individual:

☐ a. 132.550 kcal/h

☐ b. 104.775 kcal/h

☐ c. Ninguna de las respuestas anteriores es correcta

10. A efectos de la norma UNE 60670, una instalación receptora compuesta por un único depósito o envase móvil de GLP de contenido unitario inferior a 15 kg conectado mediante tubería flexible o acoplado directamente a un solo aparato a gas:

☐ a. Se considera instalación de gas con rango de presión mayor de 2 bar hasta 5 bar (inclusive)

☐ b. Se considera instalación de gas con rango de presión hasta 100 mbar (inclusive)

☐ c. No se considera instalación receptora de gas

11. En una instalación de gas natural en un edificio con varias instalaciones individuales, la llave de acometida:

☐ a. Establece el límite entre la acometida y la instalación receptora

☐ b. Establece el límite entre la acometida y la instalación individual

☐ c. Indica el comienzo de la acometida

12. La conexión flexible de elastómero entre una botella de GLP de 12,5 kg de capacidad y la instalación de los aparatos móviles de calefacción:

☐ a. No debe ser de una longitud superior a 1,5 m, excepto cuando se alimente a un aparato móvil de calefacción en cuyo caso no podrá tener más de 0,60 m de longitud

☐ b. No debe ser de una longitud superior a 60 cm

☐ c. Ninguna de las respuestas anteriores es correcta

13. En las uniones soldadas de tuberías vistas «cobre-cobre» en instalaciones receptoras de gas propano para usos domésticos:

☐ a. Se permite el uso de soldadura blanda para unir tuberías de cobre en instalaciones domésticas de gas propano, independientemente del nivel de presión de funcionamiento de la instalación

☐ b. Se admite la soldadura blanda

☐ c. Se admite la soldadura con aleación de estaño-plomo

14. Las tuberías vistas que conducen gases de la primera o segunda familia distarán de las conducciones de agua caliente un mínimo de:

☐ a. 300 mm en paralelo

☐ b. 30 mm en paralelo

☐ c. 1 cm en paralelo

15. En una instalación doméstica que alimenta a un solo edificio, la distancia entre este y la llave de acometida es de 9 m, indicar si es obligatorio la colocación de la llave del edificio:

☐ a. Sí, siempre

☐ b. No

☐ c. Sí, si la conducción entre la llave de acometida y la del edificio es enterrada

TEST N.º 35

1. La presión de prueba de resistencia es:

a. La presión a que se someten las instalaciones una vez que se ha superado la prueba de estanquidad

b. La presión a la que es sometida una instalación en el momento de la prueba de resistencia

c. La presión a la que opera una instalación antes de la prueba de estanquidad sin haber entrado en servicio

2. Semisótano es:

a. El local situado, al menos una de sus paredes, a un nivel inferior a la azotea

b. El local ubicado en la primera planta cuyas paredes distan 60 cm del nivel del suelo

c. La planta cuyo suelo se encuentra, en todas sus paredes, a un nivel inferior en más de 60 cm con relación al suelo exterior de la calle

3. El espacio abierto entre el muro del edificio y un muro de contención del terreno:

a. Se llama patio interior si está junto a un muro de contención

b. Se llama patio inglés

c. Se llama patio de ventilación si está comunicado directamente con el exterior

4. Poder calorífico superior:

a. Es la suma del poder calorífico inferior más el coeficiente de expansión de un gas

b. Es el poder calorífico que tienen los gases combustibles si no generan vapor de combustión

c. Es el poder calorífico de un gas suponiendo que se condensa el agua producida por la combustión

5. Consumo calorífico:

a. Es la energía consumida por un aparato de gas en una unidad de tiempo en condiciones normales

b. Es la energía consumida por un aparato en una unidad de tiempo referida al consumo volumétrico

c. Se calcula como el producto del consumo volumétrico o másico por el poder calorífico del gas

6. Consumo calorífico nominal:

☐ a. Es el valor del consumo calorífico indicado por el fabricante

☐ b. Es el volumen de gas consumido en la unidad de tiempo tal como lo determina el fabricante

☐ c. Se expresa en g/h

7. El recinto destinado a contener los contadores se llama:

☐ a. Armario de regulación y medida

☐ b. Estación reguladora y de medida (ERM)

☐ c. Armario de contadores y/o regulación

8. Las condiciones normales se fijan en:

☐ a. 0 K y 1.013,25 mbar

☐ b. 0 °C y 1,01325 mbar

☐ c. 0 °C y 1.013,25 mbar

9. Las condiciones de referencia, también llamadas estándar, se fijan en:

☐ a. 1.013,25 bar y 15 °C

☐ b. 288,15 K y 1.013,25 mbar

☐ c. 15 °C y 101,325 mbar

10. Armario – cocina:

☐ a. Recinto con puerta cerrada y 30 cm máximos en su parte inferior

☐ b. Es el recinto destinado a usos de cocción cuya anchura utilizable (lado menor) sea como mínimo de 30 cm

☐ c. Recinto destinado a usos de cocción cuya anchura utilizable (lado menor) sea como máximo de 30 cm estando la puerta cerrada

11. Aparato de tipo C:

☐ a. Es el aparato que está en comunicación con la atmósfera del local en el momento de la combustión si la cámara de combustión evacua al exterior

☐ b. Es el aparato estanco o no que no forma parte de la atmósfera del local

☐ c. Es el aparato que no tiene comunicación ninguna con la atmósfera del local

12. Caudal de diseño:

☐ a. Es el caudal que se tiene en cuenta a la hora de instalar un aparato

☐ b. Es el caudal a considerar cuando la empresa suministradora suministra los datos

☐ c. Es el caudal a considerar para el diseño de una instalación receptora

13. Conducto técnico:

☐ a. Es el conducto destinado a la centralización general de contadores

☐ b. Es el armario construido en el rellano de la escalera para contener los contadores de una instalación común

☐ c. Es el conducto continuo construido para contener los contadores en cada planta

14. Llave usuario:

☐ a. Es la que pertenece a la instalación común y tiene grado de accesibilidad 2 para la empresa instaladora

☐ b. En el caso de instalaciones suministradas desde depósitos de GLP no pertenece a la instalación individual

☐ c. Es aquella con la que el usuario puede cortar el paso del gas a toda su instalación

15. La presión a la que se ajustan cada una de las funciones de un regulador es:

☐ a. Presión de garantía

☐ b. Presión útil

☐ c. Presión de tarado

16. El dispositivo que tiene por objeto interrumpir el suministro cuando la presión llega a ser inferior a un valor predeterminado, se llama:

☐ a. Válvula de corte por mínima

☐ b. Llave de seguridad por mínima presión

☐ c. Válvula de seguridad por mínima

17. Si para accionar una llave que está dentro de un armario con llave normalizada necesitamos subir a una escalera, decimos que su grado de accesibilidad es:

☐ a. Grado 2   ☐ b. Grado 3   ☐ c. Mayor que 3

18. El analizador de atmósfera:

a. Es lo mismo que el dispositivo de control de contaminación de atmósfera (As)

b. Es el dispositivo que controla la extinción de la llama cuando baja la presión del gas en alguna parte del aparato

c. Es el dispositivo de seguridad de control de llama

19. Estación de regulación y medida (ERM):

a. Es el conjunto de aparatos destinados a regular y mantener la presión de suministro de gas aguas arriba

b. Es el conjunto cuya misión es regular y contabilizar el consumo de gas

c. Es el conjunto destinado a medir y regular la potencia del gas, además debe mantener la presión de suministro

TEST N.º 36

1. ¿Cuál de las siguientes normas UNE deben cumplir las características mecánicas de los tubos de cobre?

a. UNE-EN 1254-1 o UNE-EN 12164

b. UNE-EN 1057

c. UNE-EN 1057 y UNE-EN 1254-1

2. El tubo de cobre para tuberías enterradas debe ser:

a. De 1 mm de espesor

b. Tubo recocido de 1 mm de espesor

c. De 1,5 mm de espesor

3. Los pasamuros deben ser de:

a. Plásticos rígidos

b. Solo acero

c. Según la norma UNE 60670-4

4. Los reguladores que deben ser conformes con la norma UNE-EN 12864 son:

☐ a. Los reguladores para MOP superior a 0,5 bar e inferior o igual a 0,4 bar

☐ b. Los conjuntos de regulación para MOP superior a 15 kg

☐ c. Los reguladores para depósitos móviles de GLP, capacidad igual o inferior a 15 kg

5. La conexión de aparatos a la instalación receptora:

☐ a. Debe realizarse con tubería flexible de elastómero en todos los casos

☐ a. Se puede realizar con tubos flexibles que cumplan la normal UNE 53359

☐ c. Se puede realizar mediante conexión rígida o flexible

6. Los contadores de gas de turbina:

☐ a. Deben cumplir la norma UNE-EN 1359

☐ b. Deben cumplir con la norma UNE-EN 12261

☐ c. Deben cumplir con las normas UNE-EN 1359 y UNE 60510

7. En el caso de las uniones cobre-cobre:

☐ a. Debe hacerse por soldadura con material de aportación según la norma UNE-EN 1044 para soldadura de cualquier tipo

☐ b. Se puede efectuar mediante soldadura blanda para presiones de 0,2 bar

☐ c. El punto de fusión debe ser de 450 °C para soldadura por capilaridad fuerte

8. La soldadura en tubo de acero de diámetro superior a DN 50:

☐ a. Debe realizarse con soldadura blanda

☐ b. Debe utilizarse soldadura eléctrica

☐ c. Puede ser eléctrica u oxiacetilénica

9. La centralización de contadores:

☐ a. Debe llevar soportes centralizados

☐ b. En los módulos prefabricados debe cumplir la norma UNE 60490

☐ c. Cuando lleve soportes, estos se adecuarán a la norma UNE 60495-2

10. Para controlar la presión en distintos tramos de la tubería:

☐ a. Se pueden utilizar tomas de débil calibre para presiones de MOP mayores a 150 mbar

☐ b. Las tomas deben ser conformes a la norma UNE 60719

☐ c. Para cualquier presión pueden ser de tipo Peterson o débil calibre

11. Las uniones mediante soldadura blanda:

☐ a. La soldadura blanda solo se puede utilizar en presiones inferiores a 0,5 bar

☐ b. La soldadura blanda se puede utilizar con presiones iguales o inferiores a 0,05 bar en cualquier caso

☐ c. La soldadura blanda solo se puede utilizar en instalaciones domésticas, con MOP ≤ 0,05 bar

12. En tuberías vistas se puede emplear tubo de cobre recocido:

☐ a. Siempre

☐ b. Nunca

☐ c. Para la conexión de aparatos

13. El tubo de acero debe ser:

☐ a. De banda caliente laminada y estirada en frío

☐ b. Sin soldadura

☐ c. Estirado en frío con soldadura longitudinal

14. Las uniones por junta plana deben ser:

☐ a. De elastómero

☐ b. De elastómero o de otro material adecuado

☐ c. Conforme a la norma UNE-EN 1549

15. Los materiales de aportación para las uniones soldadas:

☐ a. Deben garantizar una temperatura de fusión superior a 200 ºC cuando se utilicen para uniones cobre-cobre con soldadura de estaño-plomo

☐ b. Deben cumplir con unas características mínimas de temperatura

☐ c. En las uniones cobre-acero se debe utilizar soldadura fuerte

16. ¿Qué otro tipo de uniones se pueden utilizar?

☐ a. No hay otro tipo de uniones

☐ b. Solo pueden ser mediante soldadura, mecánicas y roscadas

☐ c. Pueden ser de materiales que sean aceptados por la norma UNE-EN 1775

17. Los conjuntos de regulación para MOP 0,4 bar deben cumplir la norma UNE:

☐ a. 60404

☐ b. 60410

☐ c. 60402

18. Las válvulas de seguridad por mínima:

☐ a. Deben estar incluidas siempre en el regulador

☐ b. Cumplirán las condiciones mecánicas de la norma UNE 60402

☐ c. Son independientes del regulador

19. La norma UNE 19500:

☐ a. Se refiere a los tallos de polietileno

☐ b. Se refiere a los reguladores de MOP superior a 0,05 bar e inferior a 0,4 bar

☐ c. Es para las uniones roscadas

TEST N.º 37

1. Cuando un aparato a gas se encuentra a mayor altura que un aparato de cocción:

☐ a. Debe haber una separación de 40 cm si hay una pantalla protectora

☐ b. Entre las proyecciones verticales de ambos debe haber una separación de menos de 40 cm

☐ c. Debe guardar una distancia horizontal mínima

2. La conexión rígida se debe realizar:

☐ a. Con tubo de cobre o acero solamente

☐ b. Con tubo de acero inoxidable

☐ c. Con los métodos de unión indicados en la norma UNE 60670 Parte 3

3. Los tubos flexibles de elastómero con armadura interna o externa:

☐ a. Deben estar conformes a la norma UNE 60713-2

☐ b. En ningún caso su longitud debe ser superior a 0,6 m en los aparatos de calefacción móviles

☐ c. Pueden cruzar por la parte trasera de un horno

4. La conexión flexible de elastómero puede estar en contacto con las partes calientes del aparato?

☐ a. Sí, está protegida

☐ b. Depende del tipo de aparato

☐ c. En ningún caso

5. La norma UNE 53539:

☐ a. Se refiere a las conexiones flexibles metálicas de acero

☐ b. Se refiere a las conexiones flexibles espirometálicas de acero

☐ c. Se refiere a las conexiones flexibles de elastómero

6. La unión del tubo flexible de elastómero a la instalación y al aparato:

☐ a. Debe llevar preferentemente boquillas de conexión

☐ b. Debe llevar boquillas de conexión de diámetro similar

☐ c. Debe estar sujeta a las boquillas con abrazaderas

7. La conexión flexible metálica corrugada, cumplirá la norma UNE:

☐ a. UNE-EN 53539

☐ b. UNE-EN 60670 Parte 13

☐ c. Deben cumplir la norma UNE-EN 14800

8. Los aparatos a gas, a efectos de su conexión, se clasifican en:

☐ a. Encastrables o fijos

☐ b. De acuerdo con su potencia

☐ c. Móviles o fijos

TEST N.º 38

1. Los contadores de gas deben ser conformes con las normas:

    ☐ a. UNE-EN 12261 si son de paredes deformables

    ☐ b. UNE-EN 12480 para contadores de pistones

    ☐ c. UNE-EN 60510 de paredes deformables

2. Las tomas de presión se deben instalar en toda instalación receptora individual:

    ☐ a. Se instalarán donde se necesiten

    ☐ b. Una a la entrada y otra a la salida de los reguladores

    ☐ c. No es obligatoria

3. A efectos de la norma se entiende por ventilación rápida una abertura de:

    ☐ a. Cuando se realice a través de una o dos aberturas de superficie total igual o superior a 0,4 m^2

    ☐ b. Cuando se realice a través de una de 0,4 m^2

    ☐ c. Cuando se realice a través de una o dos aberturas de 0,5 m^2

4. Los aparatos de tipo A:

    ☐ a. Se pueden instalar en locales considerados zona exterior

    ☐ b. Son aparatos de calefacción y cocción suspendidos

    ☐ c. Son de circuito abierto y de evacuación no conducida

5. Los aparatos de circuito abierto:

    ☐ a. Serán del tipo B si no tienen seguridad antirrevoco

    ☐ b. Son aparatos tipo C

    ☐ c. Pueden ser atmosféricos de tiro forzado

6. Al realizar las pruebas de estanquidad de una instalación receptora:

    ☐ a. Se debe comprobar previamente que están todas las llaves abiertas y en posición de reposo

    ☐ b. Solo debe realizarse con gas inerte o con líquido si la comprueba personal cualificado de la empresa suministradora al doble de la presión de servicio

    ☐ c. Se puede realizar con aire o gas inerte, pudiéndose realizar por tramos o a toda la instalación

7. En locales interiores se pueden instalar:

☐ a. Aparatos cuya potencia supere los 4,65 kW no conducidos

☐ b. Aparatos de calefacción que tengan dispositivo de control de la atmósfera

☐ c. Aparatos de producción de agua caliente sanitaria por acumulación

8. La conexión flexible espirometálica con enchufe de seguridad:

☐ a. Se puede utilizar solo con gases de la 3.ª familia

☐ b. En ningún caso su longitud debe ser superior a 1,5 m

☐ c. En ningún caso su longitud debe ser superior a 2 m

9. De qué tipo son las aberturas de ventilación en los recintos de centralización de contadores:

☐ a. Por orificio que comunique a otro local

☐ b. Por orificio o conducto y preferentemente directas

☐ c. Solo pueden ser directas por conductos

10. Cuando un conducto técnico atraviesa el forjado de un edificio debe tener una superficie libre mínima de:

☐ a. 400 cm^2

☐ b. 100 cm^2

☐ c. 200 cm^2

11. La llave de usuario:

☐ a. Es la que pertenece a la instalación individual por ser el comienzo de la misma

☐ b. Pertenece a la instalación común aunque no exista instalación individual

☐ c. Solo en el caso de los GLP sustituye a la de contador

12. Tanto la entrada de aire como la salida de los productos de la combustión en los aparatos estancos:

☐ a. Deben ser cuidadosamente calculadas por el instalador

☐ b. Deben ser diseñadas por el fabricante

☐ c. Deben contar con un sistema que favorezca la evacuación a través de la fachada

13. En el control periódico de las instalaciones se considera anomalía secundaria:

☐ a. El aparato de gas tipo B que esté ubicado en un local de un volumen mayor de 8 m³ que carece de orificio de ventilación

☐ b. Falta de orificio de ventilación en aparatos estancos

☐ c. La presencia de tubos flexibles espirometálicos caducados

14. Una fuga de gas, en instalaciones de potencia útil nominal superior a 70 kW:

☐ a. Si no se mide el caudal de fuga se considera anomalía principal

☐ b. Será anomalía secundaria si el caudal no supera 5 l/h en cualquier sala de máquinas

☐ c. Se considerará siempre anomalía principal

15. Al modificar una instalación receptora:

☐ a. Se considerará modificación cualquier variación en el diseño que afecte a la instalación y/o ventilación del local y de los aparatos

☐ b. Se considera modificación si se modifica el trazado en un tramo superior a 1 m

☐ c. Solo se considera modificación cuando se sustituyen los materiales y no su trazado

16. Se consideran patios de ventilación:

☐ a. A los patios que tienen una superficie en planta mayor de 2 m² si están techados

☐ b. Los patios destinados a la ventilación de los edificios que no pueden evacuar los productos de la combustión

☐ c. En edificación existente pueden tener una superficie en planta de 3 m²

17. En la instalación de contadores en el interior de la vivienda se debe tener en cuenta que:

☐ a. Deben estar alojados siempre en un armario o nicho

☐ b. Deben situarse lo más cerca posible al punto de penetración de la tubería en la vivienda

☐ c. Pueden instalarse en cualquier local de la vivienda

18. Las vainas:

☐ a. Pueden ser solo de acero en el caso de tuberías situadas en subsuelo

☐ b. Deben ser solo de acero para protección mecánica

☐ c. Los materiales pueden variar según su finalidad

19. A efectos de su conexión a la instalación, los aparatos a gas se clasifican en:

☐ a. Tipos A, B y C

☐ b. De cocción, de calefacción o de ACS

☐ c. Fijos o móviles

TEST N.º 39

1. ¿De qué tipo serán los extintores cuando las botellas se encuentren situadas en el interior de un local, en el caso de depósitos de capacidad superior a 15 kg?

☐ a. Serán dos extintores

☐ b. Dos extintores de eficacia 21A, 113B

☐ c. Serán dos extintores de 2,5 kg, colocados en la proximidad de ellas

2. El cálculo de las tuberías y de los elementos accesorios se hará teniendo en cuenta:

☐ a. La familia y denominación del gas, las pérdidas de carga admisibles y cuantas garantías aconseje la instalación que se trate

☐ b. Las especificaciones de la empresa suministradora y las de delegación

☐ c. La bondad para el buen funcionamiento de la instalación

3. Si como resultado de las inspecciones realizadas al comprobar que la instalación no cumple la normativa vigente, no siendo anomalías principales:

☐ a. La empresa suministradora lo comunicará por escrito al usuario o propietario indicando las modificaciones a introducir y señalando el plazo o plazos en que las mismas deben ser realizadas, que en ningún caso podrán ser superiores a 6 meses

☐ b. La empresa suministradora para proceder al corte de suministro.

☐ c. La empresa lo notificará por escrito a la Administración con los cambios requeridos y plazos máximos de 6 meses

4. La instalación de un manómetro en un colector de distribución a los diferentes elementos de una cocina industrial, cuando se dispone de una batería de 6 + 6 botellas en el exterior, tipo 35 kg, alojadas en una caseta:

☐ a. Es obligatoria

☐ b. Es opcional

☐ c. Se debe instalar en el colector dentro de la caseta de botellas

5. Un coeficiente de simultaneidad de 0,37:

    ☐ a. Es aplicable a un determinado número de viviendas con calefacción

    ☐ b. Es aplicable a una instalación común con 27 viviendas sin calefacción

    ☐ c. Es aplicable a 10 o más instalaciones de calefacción

6. ¿Cuál será la potencia nominal de una caldera mural estanca de 20.000 kcal/h útiles y un 0,80 % de rendimiento?

    ☐ a. Aproximadamente 20 kW

    ☐ b. Aproximadamente 25 kW

    ☐ c. Aproximadamente 29 kW

7. ¿Cómo se denomina el efecto por el que se hace necesaria la instalación de liras u otros elementos compensadores en las tuberías?

    ☐ a. Dilatación cúbica

    ☐ b. Dilatación lineal

    ☐ c. Deformación permanente

8. ¿Cómo se transmite el calor?

    ☐ a. Por conducción

    ☐ b. Por radiación

    ☐ c. Por conducción, radiación y convección.

9. ¿Cómo se denomina al efecto del aumento de temperatura de un conductor eléctrico por el paso de la corriente?

    ☐ a. Efecto térmico-eléctrico   ☐ b. Efecto Joule   ☐ c. Efecto Ventura

10. ¿A qué tipo de uniones corresponden las realizadas mediante bridas, racores, ermeto o similares?

    ☐ a. A uniones mecánicas

    ☐ b. A uniones fuertes

    ☐ c. A uniones soldadas si su diámetro es grande

11. ¿Cómo se denomina el dispositivo que, asociado a una centralita de detección de fuga de gas, es capaz de cortar el paso a la instalación?

☐ a. Válvula general de corte exterior

☐ b. Válvula de corte

☐ c. Válvula solenoide

12. Una instalación individual de 65 kW es ampliada con la implantación de un aparato de 5.000 kcal/h nominales, ¿necesita proyecto?

☐ a. Sí

☐ b. Sí, ya que es una ampliación

☐ c. No, solo si la ampliación hubiese superado el 30 % de la inicial

13. Las instalaciones suministradas desde redes que trabajen a una presión de operación superior a 5 bar para cualquier tipo de uso y con independencia de su potencia útil:

☐ a. Solo necesitan proyecto cuando la potencia útil es mayor de 70 kW

☐ b. Será necesario proyecto para edificios de pública concurrencia

☐ c. En cualquier caso y situación se precisa proyecto

TEST N.º 40

1. En todo corte de suministro de gas de una instalación receptora en servicio de un edificio de viviendas, efectuado por una empresa instaladora, cuando se interrumpa el servicio a más de un usuario:

☐ a. Se deberá avisar previamente a los usuarios y, posteriormente al corte de suministro, informar a la empresa suministradora

☐ b. Se deberá previamente avisar a los usuarios e informar a la empresa suministradora

☐ c. Se deberá previamente avisar a los usuarios exclusivamente

2. Los conductos o cajetines destinados a alojar tuberías de gas deben cumplir con la siguiente condición en su fabricación:

☐ a. Cuando sean metálicos estarán en contacto con la estructura metálica del edificio

☐ b. En su recorrido no pueden disponer de registros practicables

☐ c. Ninguna de las respuestas anteriores es correcta

3. El tubo flexible de conexión entre una botella de GLP de 12,5 kg de capacidad, y un aparato de gas fijo debe ser:

☐ a. 80 cm

☐ b. De acero inoxidable

☐ c. Podrá utilizarse un tubo de conexión flexible fabricado en elastómero, siempre que esté debidamente homologado para uso con GLP

4. La prueba de estanquidad en el tramo de una instalación receptora cuya presión máxima de servicio sea de 70 mbar, debe realizarse por la empresa instaladora a una presión efectiva de:

☐ a. 7 bar   ☐ b. 3,5 bar   ☐ c. 1 bar

5. La llave de usuario pertenece a:

☐ a. La instalación individual

☐ b. La instalación común

☐ c. La acometida interior

6. Los aparatos del circuito estanco:

☐ a. Tienen comunicación permanente entre la cámara de combustión y la atmósfera del local en que están instalados

☐ b. Son aquellos en los que los circuitos de agua y de gas no presentan fugas a la presión máxima de servicio

☐ c. Deben tener el extremo final del conducto de evacuación de humos a una distancia mínima de 40 cm de cualquier abertura destinada a la ventilación de locales

7. Una vivienda suministrada con gas propano de 11.800 kcal/m³ de poder calorífico superior dispone de los siguientes aparatos, con los caudales máximos nominales que se indican: una cocina de 0,4 m³/h, un calentador de 1,3 m³/h, un frigorífico de 0,2 m³/h y una caldera de calefacción de 1,4 m³/h. El grado de gasificación de dicha vivienda es de:

☐ a. 1   ☐ b. 2   ☐ c. 3

8. En un bloque de 50 viviendas iguales a la indicada en el supuesto del enunciado anterior, la potencia nominal de utilización simultánea de la instalación común es:

☐ a. 865 kW   ☐ b. 972,38 kW   ☐ c. 792,38 kW

9. Las uniones mecánicas efectuadas mediante junta plana para la conexión de los aparatos a la instalación receptora, deben cumplir la norma:

☐ a. UNE 19009 o equivalente

☐ b. UNE 19153 o equivalente

☐ c. UNE 60719 o equivalente

10. Señala si en las revisiones periódicas de las instalaciones de gas natural que deben efectuar los usuarios en sus viviendas hay que comprobar la combustión en los aparatos de gas:

☐ a. Sí

☐ b. No, ya que los aparatos no son objeto de revisión, pues no pertenecen a la instalación receptora

☐ c. Se comprueba solamente a requerimiento del usuario

11. Una batería que está formada por tres botellas de GLP de 11 kg de capacidad unitaria en descarga simultánea y tres en reserva:

☐ a. No se permite la instalación de baterías formadas por tres botellas de GLP en descarga simultánea y tres en reserva, ya que excede los límites establecidos por la normativa para instalaciones sin proyecto y se considera una configuración prohibida en este contexto

☐ b. Debe instalarse en el exterior de las viviendas

☐ c. No requiere proyecto la instalación receptora, pero precisa autorización administrativa del órgano territorial competente en materia de industria y energía

12. Un armario con centralización general de contadores de gas natural, situado en una azotea:

☐ a. Está prohibido

☐ b. Es correcto si tiene una abertura de ventilación de 50 cm^2 de sección libre mínima

☐ c. Es correcto si tiene dos aberturas de ventilación de 50 cm^2 de sección libre mínima cada una

13. Indica la sección libre de ventilación en un local de viviendas de reciente construcción en el que se encuentran instalados tres aparatos de circuito abierto y tiro natural conectados a conductos de evacuación, con un gasto calorífico total de 92 kW y un aparato de cocción de 10 kW:

☐ a. 510 cm^2 ☐ b. 465,6 cm^2 ☐ c. 431,2 cm^2

14. Si se prevé suministrar gas natural a un armario de contadores centralizados, la tubería de alimentación a dicho armario:

☐ a. No puede empotrarse

☐ b. Puede empotrarse y ser de polietileno sin vaina

☐ c. Puede empotrarse y ser de cobre o acero

15. Si una empresa instaladora de categoría B tiene treinta y siete obreros especialistas, debe tener como mínimo:

☐ a. Ocho instaladores de gas de categoría B

☐ b. Un instalador de gas de categoría B

☐ c. Cinco instaladores de gas de categoría B

16. En la revisión efectuada a una sala de calderas de 77 kW de potencia útil, para uso de calefacción y agua caliente alimentada por gas natural, se observa que la totalidad de los extintores están caducados. Dicha anomalía se clasifica como:

☐ a. Anomalía principal

☐ b. Anomalía secundaria

☐ c. No está clasificada en la normativa

17. Cuando desde una batería de botellas de GLP de 35 kg de capacidad unitaria se alimenta a las instalaciones de dos o más usuarios (usos domésticos):

☐ a. Se deberá disponer de una válvula de seguridad por mínima presión en cada instalación individual

☐ b. Se deberá disponer un limitador a la entrada de la instalación receptora de forma que la presión en cada punto no sobrepase los 4 bar

☐ c. Para la instalación de los aparatos domésticos es obligatorio disponer en todos los casos de un regulador de presión por cada aparato

TEST N.º 41

1. La sección libre mínima de cada abertura de ventilación de un armario con centralización general de ocho contadores de gas, situado en una azotea, es de:

☐ a. 500 mm^2 ☐ b. 5 dm^2 ☐ c. 0,5 dm^2

2. En una batería constituida por doce botellas de propano de 35 kg de capacidad unitaria (seis en servicio y seis en reserva), las botellas que están en reserva deben distar al menos de un desagüe de agua de lluvia de:

☐ a. 2.001 mm ☐ b. 3 m ☐ c. 1,6 m

3. La estanquidad de las uniones de entrada y salida de los contadores situados en instalaciones receptoras de baja presión:

☐ a. Se comprueba a la presión de servicio

☐ b. Se comprueba a 500 mm c.d.a.

☐ c. Se comprueba a una presión efectiva de al menos igual a 50 mbar

4. Indica si una tubería de cobre para el suministro de gas natural en viviendas puede discurrir por un falso techo:

☐ a. No, en ningún caso

☐ b. Sí, si la tubería va alojada en una vaina continua

☐ c. Sí, si la tubería está recubierta de una protección eficaz

5. Un shunt invertido está especialmente diseñado para:

☐ a. Evacuar los PdC de los aparatos de gas de circuito abierto

☐ b. Proporcionar la entrada de aire necesaria a los locales de cada planta por la que discurre

☐ c. Invertir el sentido del flujo de los PdC en una chimenea general de tipo vertical

6. El paso de las tuberías no debe transcurrir (señala la falsa):

☐ a. Por el interior de vainas

☐ b. Por huecos de ascensores

☐ c. Por conductos o bocas de aireación

7. Los cerramientos de un cuarto de calderas que mide 6,3 m de largo, 355 cm de ancho y 0,3 dm de alto, que utiliza gas natural como combustible y cuya potencia útil conjunta de las calderas es de 600 kW, deben disponer de un elemento constructivo de baja resistencia mecánica con una superficie superior o igual a:

☐ a. Una superficie en equivalente a la centésima parte de la superficie del cuarto de calderas expresado en m^3, con un mínimo de 1 m^2

☐ b. 500 cm^2

☐ c. 1 m^2

8. Una instalación receptora común para uso industrial con una potencia nominal de utilización simultánea de 8.000 kW, que es suministrada desde una red que opera a una presión de servicio efectiva de 4 bar:

☐ a. Necesita proyecto pero no autorización administrativa

☐ b. No necesita proyecto ni autorización administrativa

☐ c. Necesita proyecto y autorización administrativa

9. La manipulación de una llave precintada perteneciente a la instalación común solamente puede ser realizada por:

☐ a. Propietario del edificio o titular de la instalación común

☐ b. Empresa instaladora que efectúe la revisión periódica de la instalación receptora

☐ c. Persona autorizada por la empresa suministradora

10. Un tubo flexible de elastómero de conexión entre una botella de GLP de 12,5 kg de capacidad y la tubería rígida de la instalación de gas no debe sobrepasar la longitud de:

☐ a. 0,6 m   ☐ b. 0,8 m   ☐ c. 1,2 m

11. En un local de una vivienda construida en septiembre de 1998 se encuentran instalados dos aparatos de circuito abierto y tiro natural con un gasto calorífico total de 82 kW conectados a conductos de evacuación y un aparato de cocción de 10 kW y existe una abertura reglamentaria para la ventilación practicada en la parte superior de una pared del local. La sección libre mínima para la ventilación debe ser de:

☐ a. 460 cm^2 ☐ b. 2.395,6 cm^2 ☐ c. 422,6 cm^2

12. Los armarios utilizados en la centralización parcial de contadores:

☐ a. Deben estar al aire libre en zonas tales como prevestíbulos o soportales, con accesibilidad grado 3 para la empresa suministradora

☐ b. Deben estar en zonas comunitarias con accesibilidad grado 1 para los usuarios

☐ c. Deben estar en zonas comunitarias con accesibilidad grado 2 desde los rellanos de la escalera

13. Un regulador de presión:

☐ a. No se precisa instalar cuando la presión de distribución es igual a la de utilización

☐ b. No forma parte de la instalación receptora de gas

☐ c. Ninguna de las respuestas anteriores es correcta

14. En la prueba de estanquidad de un tramo de tubería, las llaves intermedias:

☐ a. Se deberán maniobrar en las posiciones de abiertas y cerradas

☐ b. Permanecerán abiertas y no se podrán maniobrar

☐ c. Se deberán maniobrar únicamente en la posición de abiertas

TEST N.º 42

1. La llave de conexión al aparato:

☐ a. Se debe instalar para cada aparato de gas, lo más cerca posible de él

☐ b. No pertenece a la instalación receptora de gas

☐ c. Ninguna de las respuestas anteriores es correcta

2. Los conductos técnicos:

☐ a. Pueden ser verticales u horizontales

☐ b. Se utilizan en la instalación de centralización parcial de contadores, por plantas

☐ c. Se utilizan en la instalación centralizada general de contadores

3. Las tuberías que conducen gas natural, alojadas en un conducto:

☐ a. Solo se puede instalar una tubería por conducto

☐ b. Se pueden instalar varias tuberías en un conducto

☐ c. Se pueden instalar varias tuberías en un conducto si van envainadas

4. Las uniones soldadas de una tubería de acero 1" de diámetro nominal, en instalaciones receptoras de gas para usos domésticos, se podrán efectuar mediante:

☐ a. Soldadura oxiacetilénica

☐ b. Soldadura eléctrica

☐ c. Soldadura oxiacetilénica o electrodo recubierto

5. La sección libre mínima de entrada de aire en un local comercial de reciente construcción en el que solo existen aparatos de cocción no conectados a un conducto de evacuación, con un gasto calorífico de 54.000 kcal/h y cuya ventilación se realiza a través de un conducto de 8 m de longitud, debe ser de:

☐ a. 270 cm^2 ☐ b. 405,16 cm^2 ☐ c. 470,93 cm^2

6. Una vivienda suministrada con gas propano 22.000 kcal/m³ de poder calorífico superior dispone de los siguientes aparatos, con los caudales máximos nominales que se indican: una cocina de 0,6 m³/h NIR, un calentador de 1 m³/h, un frigorífico de 0,2 m³ /h y una caldera de calefacción de 1,2 m³/h el grado de gasificación de dicha vivienda es de:

☐ a. 3 ☐ b. 2 ☐ c. 1

7. En un bloque de 50 viviendas iguales a la indicada en el supuesto del enunciado anterior (n.º 6), la potencia nominal de utilización simultánea de la instalación común es:

☐ a. 1.078 te/h ☐ b. 462 te/h ☐ c. 1.101,10 te/h

8. Los contadores deben ser accesibles para la empresa suministradora, desde zona comunitaria, con grado de accesibilidad:

☐ a. 1 o 2 ☐ b. 2 ☐ c. 3

9. En una batería constituida por catorce botellas de propano de 35 kg de capacidad unitaria (siete en servicio y siete en reserva), las botellas deben distar al menos de un enchufe eléctrico:

☐ a. 1,5 m ☐ b. 1,51 m ☐ c. 2 m

10. Una instalación receptora común para usos domésticos, con una potencia nominal de utilización simultánea de 550.000 kcal/h, que es suministrada desde una red que opera a una presión de servicio efectiva de 6 kg/cm²:

☐ a. Necesita proyecto y no necesita autorización

☐ b. No necesita proyecto ni autorización administrativa

☐ c. Necesita proyecto y autorización administrativa

11. La presión de utilización de gas natural en un aparato de tipo doméstico es aproximadamente igual a:

☐ a. 28 mbar

☐ b. 37 mbar

☐ c. 20 mbar

12. La prueba de estanquidad en el tramo de una instalación receptora de gas, cuya presión de servicio sea 80 mbar, debe realizarse por la empresa instaladora a una presión efectiva de:

☐ a. 1,5 bar

☐ b. 3,5 bar

☐ c. 2,5 bar

13. Indica la sección libre mínima de ventilación en un local de viviendas de reciente construcción en el que se encuentran instalados tres aparatos de circuito abierto y tiro natural conectados a conductos de evacuación, con un gasto calorífico total de 84 kW, y un aparato de cocción de 12 kW:

☐ a. 412,8 cm² ☐ b. 431,2 cm² ☐ c. 480 cm²

14. En una batería de botellas de 35 kg de capacidad unitaria, las uniones de los tubos flexibles reforzados a la tubería rígida se efectúan mediante:

☐ a. Limitadores de presión

☐ b. Válvulas de exceso de caudal

☐ c. Válvulas antirretorno

15. En una finca habitada de nueva gasificación, el extremo del conducto de evacuación de humos de un calentador de circuito abierto y tiro natural:

☐ a. Debe sobresalir del paramento exterior del edificio, al menos, 10 cm

☐ b. Debe sobresalir del paramento exterior del edificio, al menos, 40 cm

☐ c. Está prohibida dicha instalación

TEST N.º 43

1. La unión de tuberías mediante bridas:

☐ a. Se puede utilizar exclusivamente en accesorios desmontables pertenecientes a la instalación receptora

☐ b. Requiere de junta de caucho sintético según UNE 53591

☐ c. Está autorizada solo en gases de la 3.ª familia y cuando sean conductos generales

2. La sección mínima de ventilación de un local con un aparato de cocción de 2 kW, una calefacción de 4 kW y una secadora de 2,5 kW, que evacuan mediante orificio que comunica con un patio de ventilación, debe ser de:

☐ a. 30 cm² ☐ b. 125 cm² ☐ c. 42,25 cm²

3. Un local de 10 m³ tiene instalado un calentador instantáneo a gas de 250 kcal/min, no conectado. La instalación tiene:

☐ a. Una anomalía secundaria ☐ b. Una anomalía principal ☐ c. Ninguna anomalía

4. Una instalación receptora individual de potencia útil superior a 70 kW en servicio (en uso), se considera apta para el uso ante la prueba de estanquidad cuando en un control periódico se detecta que:

☐ a. El caudal de fuga a la presión de servicio es inferior o igual a un litro de gas / hora

☐ b. El caudal de fuga a una presión 20 % mayor que la de servicio es menor o igual a un litro de gas/ hora

☐ c. No tiene caudal de fuga

5. Un local en edificio de nueva construcción, de uso doméstico, con un calentador de agua de Pn = 23,25 kW, un aparato de calefacción de Pn = 50 te/h y una secadora de Pn = 3 kW, necesita una superficie mínima de ventilación de:

☐ a. 380,69 cm^2 ☐ b. 421,95 cm^2 ☐ c. 125 cm^2

6. La ventilación en el local anterior:

☐ a. Puede ser indirecta   ☐ b. Debe ser directa   ☐ c. Debe ser indirecta

7. El volumen mínimo del local anterior debe ser de:

☐ a. 8 m^3

☐ b. Puede ser superior a 6 m^3 si se incrementa en un 50 % la ventilación

☐ c. 15 m^3 como mínimo

8. ¿Cuál de las siguientes afirmaciones es falsa?

☐ a. Cuando exista más de un usuario que se alimente desde un mismo depósito de botellas de GLP se deberá disponer de una válvula de seguridad por mínima presión en cada instalación individual

☐ b. Junto con los reguladores ubicados en la instalación común, deberá existir una válvula de seguridad por máxima presión que podrá estar incorporada al regulador o ser independiente

☐ c. Junto con los reguladores deberá existir en todos los casos una válvula de seguridad por mínima presión

9. La distancia de una tubería vista a una conducción de vapor en curso paralelo debe ser, como mínimo:

☐ a. 2 cm^2 ☐ b. 3 cm   ☐ c. 5 cm

10. Se quiere adaptar un aparato de gas de funcionamiento con butano a funcionamiento con gas natural:

☐ a. Es necesario cambiar los inyectores

☐ b. Es necesario cambiar los seguros de encendido

☐ c. No es necesario cambiar nada porque son de la misma familia

11. Cuando hay instalados varios aparatos tipo B, su evacuación puede ser:

☐ a. Los conductos individuales no pueden desembocar directamente al exterior

☐ b. Pueden desembocar los conductos individuales en un conducto común directamente a una chimenea o shunt

☐ c. Deben evacuar mediante diferentes conductos

12. ¿Cuál de los siguientes patios de un edificio de antigua construcción es un patio de ventilación reglamentario, según sus dimensiones?

☐ a. 4 m^2 ☐ b. 3 m^2 ☐ c. 2 m^2

13. Las uniones acero-cobre se pueden realizar:

☐ a. Mediante soldadura blanda o soldadura oxiacetilénica

☐ b. Mediante un accesorio de aleación cobre

☐ c. Mediante soldadura fuerte o soldadura oxiacetilénica

14. Un quemador tiene una potencia nominal de 2.300 kcal/h, ¿cuál será el caudal de gas de Hs = 10 te/m^3 que debe circular por él para que esté debidamente ajustado?

☐ a. 0,25 m^3/s   ☐ b. 0,25 litros/min   ☐ c. 0,25 m^3/h

15. La accesibilidad de un dispositivo al que se accede por un comercio privado y se encuentra en un patio de una comunidad de propietarios es de:

☐ a. Grado 2

☐ b. Grado 3

☐ c. No se indica en las normas vigentes

16. Un local comercial con un aparato de cocción de 40 te/h de potencia y un calentador de 20 kW necesita una superficie mínima de ventilación de:

☐ a. 212,30 cm^2 ☐ b. 332,55 cm^2 ☐ c. 196,58 cm^2

17. El volumen mínimo del local anterior debe ser de:

☐ a. 38,51 m³   ☐ b. 42,5 m³   ☐ c. 60,3 m³

18. El aire propanado tiene un índice de Wobbe:

☐ a. Alto, pertenece a la 1.ª familia de gases

☐ b. Alto, pertenece a la 3.ª familia de gases

☐ c. Bajo, pertenece a la 1.ª familia de gases

TEST N.º 44

1. La estanquidad de las uniones comprendidas entre la llave de conexión al aparato y el propio aparato:

☐ a. Se comprueba con aire o nitrógeno

☐ b. Se comprueba con el gas de suministro

☐ c. No se efectúa tal comprobación de estanquidad

2. La prueba de estanquidad en el tramo de una instalación receptora de gas cuya presión máxima de servicio es de 75 mbar debe realizarse por la empresa instaladora:

☐ a. A 7 bar   ☐ b. A 3,5 bar   ☐ c. A 1 bar

3. En un local de una vivienda donde se encuentran únicamente varios aparatos de circuito abierto conectados a un conducto de evacuación de los productos de la combustión y suministrador por gas natural, al realizar una revisión periódica debemos controlar que la altura máxima del borde superior de la abertura de entrada de aire con relación al nivel del suelo es de:

☐ a. 1,8 m

☐ b. 0,4 m

☐ c. No se establece altura en las normas

4. Se tiene una sala de calderas alimentadas por gas natural para calefacción y ACS de 525 te/h de potencia útil, de 8 m de largo, 4,4 m de ancho y 2,80 m de alto. La superficie mínima del elemento constructivo de baja resistencia mecánica que debe contener los cerramientos de dicha sala es de:

☐ a. 0,4 m²   ☐ b. 0,9856 m²   ☐ c. 1 m²

5. En una batería de botellas de 35 kg de capacidad unitaria, las uniones de los tubos flexibles reforzados a la botella se efectúan mediante:

☐ a. Soldadura fuerte

☐ b. Válvulas antirretorno

☐ c. Válvulas de exceso de caudal

6. Una instalación receptora común para uso industrial con una potencia nominal de utilización simultánea de 1.721 te/h que es suministrada desde una red que opera a una presión de servicio efectiva de 2 bar:

☐ a. Necesita proyecto y autorización administrativa

☐ b. Necesita proyecto pero no autorización administrativa

☐ c. No necesita proyecto ni autorización administrativa

7. La sección mínima de paso para la evacuación de los productos de la combustión cuando se utiliza un extractor mecánico individual, en una instalación de menos de 15 kW de potencia nominal, debe ser de:

☐ a. 0,0008 m^2 ☐ b. 0,008 m^2 ☐ c. 0,08 m^2

8. Si para la manipulación de un dispositivo se precisa de escaleras o medios mecánicos especiales, se tiene una accesibilidad de grado:

☐ a. 3   ☐ b. 2   ☐ c. 1

9. La ubicación de un conjunto de regulación perteneciente a una instalación común, alimentada con gas natural, en zonas de uso común, sin estar protegido en el interior de un armario cerrado y ventilado, se clasifica como:

☐ a. Anomalía secundaria

☐ b. Anomalía principal

☐ c. No existe anomalía, ya que estos reguladores pueden estar a la intemperie

10. Un local destinado a la centralización general de contadores para gas natural, con una superficie en planta de 6 m^2 situado a nivel del suelo exterior (calle o patio de ventilación) dispone de dos rejillas de ventilación, cada una de las cuales debe tener una sección libre mínima de:

☐ a. 100 cm^2 ☐ b. 200 cm^2 ☐ c. 60 cm^2

11. Los conductos técnicos:

☐ a. Deben tener una abertura única en su parte inferior de 150 cm^2 de sección libre mínima

☐ b. Deben tener, tanto en su parte inferior como en la superior, aberturas con una sección libre mínima de 100 cm^2 cada una

☐ c. Deben tener una abertura en su parte superior de al menos 150 cm^2 de sección libre y otra en su parte inferior de al menos 150 cm^2 de sección libre

12. Si una botella de propano de 11 kg de capacidad está separada de un hogar para combustible líquido mediante protección adecuada contra la radiación, la distancia mínima entre dicha fuente de calor y la botella debe ser:

☐ a. 80 cm   ☐ b. 50 cm   ☐ c. 30 cm

13. Si se prevé suministrar gas natural a un armario de contadores centralizados situados en una azotea, la tubería de alimentación a dicho armario:

☐ a. No puede empotrarse

☐ b. Puede empotrarse y ser de polietileno con una vaina para facilitar su introducción

☐ c. Puede empotrarse y ser de acero o cobre

14. Si en la revisión periódica de una batería, construida por cinco botellas de propano de 35 kg de capacidad unitaria en servicio y otras cinco en reserva, para uso doméstico, las botellas en reserva distan 2,3 m de un registro de alcantarilla:

☐ a. Existe una anomalía secundaria

☐ b. Existe una anomalía principal

☐ c. No existe defecto

TEST N.º 45

1. ¿Se puede conectar un conducto de evacuación de PdC de una caldera de gas a una chimenea de una caldera de gasoil?

☐ a. Siempre

☐ b. Nunca

☐ c. Si el conducto de gasoil es estanco, sí

2. La evacuación de los PdC de un aparato fijo de calefacción de 5.000 kcal/h se deberá efectuar mediante:

☐ a. Un extractor mecánico con rejillas

☐ b. Una rejilla de 100 cm a 1,60 m de altura

☐ c. Un conducto de PdC

3. En una instalación con presión de 100 g/cm^2 se verificará la estanquidad a una presión de:

☐ a. 1 bar   ☐ b. 0,5 bar   ☐ c. 0,1 bar

4. Una cocina de un hospital, con un aparato de cocción de tres fuegos y horno de 39.000 kcal/h y dos freidoras de 13 kW y 15 te/h, que utiliza un conducto 4,5 m para la ventilación, ¿qué entrada mínima de ventilación precisa?

☐ a. Es suficiente con dos aberturas de 125 cm^2

☐ b. Es suficiente con dos aberturas de 189,5 cm^2

☐ c. Es suficiente con 570 cm^2

5. Las instalaciones de botellas de 35 kg necesitarán dos extintores de 2,5 kg de polvo seco:

☐ a. Si pertenecen al grupo de hasta 70 kg y se encuentran en una caseta de un volumen superior a 1.000 m^3 y de 150 m^2 como mínimo de superficie

☐ b. Cuando el contenido total de GLP sobrepase los 350 kg

☐ c. Las dos anteriores son correctas

6. Para un edificio de 100 viviendas con calefacción se empleará un coeficiente de simultaneidad de:

☐ a. 0,30   ☐ b. 0,35   ☐ c. 0,15

7. Una instalación tiene una garantía de 4 años. ¿Quién es el responsable de dicha garantía?

☐ a. El fabricante de los materiales

☐ b. La empresa instaladora

☐ c. La empresa suministradora

8. Una vez usada, se coloca una botella de butano en posición tumbada, ¿es correcto?

☐ a. No

☐ b. Si es para consumir el resto que queda, sí

☐ c. A veces

9. Si la instalación de botellas de 35 kg es de más de 70 kg:

☐ a. Si están a 1 m de un interruptor pueden ser cambiadas

☐ b. Pueden llevar inversor automático y limitador de presión en caso de no existir envase de reserva

☐ c. Pueden estar a menos de 3 m de cualquier abertura de sótanos

10. ¿Qué condiciones deben cumplir las tuberías en el interior de los edificios?

☐ a. Entre 4.000 mm c.d.a. y 50.000 mm c.d.a. las tuberías pueden ir envainadas

☐ b. Deben estar dimensionadas de manera que garanticen una presión mínima de 400 g/cm^2

☐ c. Deben estar diseñadas de manera que la velocidad del gas no exceda los 20 m/s

11. Las instalaciones que precisan proyecto, ¿requieren autorización administrativa?

☐ a. Sí en todos los casos

☐ b. No salvo en los casos en que así lo prescriban los reglamentos en vigor

☐ c. Depende del funcionario

12. En una vivienda se instala una caldera de calefacción de 25.000 kcal/h, ¿qué volumen debe tener el local?

☐ a. 8 m^3

☐ b. 25 m^3

☐ c. No se requiere volumen mínimo

13. Para gases más densos que el aire, ¿está permitida la entrada de tuberías en un tercer sótano?

☐ a. Sí   ☐ b. No   ☐ c. Si son los trasteros de las viviendas, sí

14. Entre una tubería de gas y un conducto de humos, ¿qué distancia mínima en paralelo debe existir?

☐ a. 2 cm   ☐ b. 5 cm   ☐ c. 3 cm

15. Una instalación con caseta de botellas de GLP de hasta 70 kg:

☐ a. Puede colocarse a 1 m de un motor de gasolina

☐ b. Puede colocarse a 0,20 m de un conductor eléctrico

☐ c. Puede colocarse a 0,50 m de un interruptor eléctrico

16. ¿Qué rejilla mínima de ventilación necesita un local donde están instaladas una cocina de tres fuegos de 8 kW y una freidora de 10.000 kcal/h?

☐ a. Una rejilla de 80 cm²   ☐ b. Dos rejillas de 40 cm²   ☐ c. Dos rejillas de 50 cm²

17. La distancia mínima entre una bombona de 11 kg de propano y un cable eléctrico sin protección intermedia es de:

☐ a. 0,3 dm   ☐ b. 0,3 m   ☐ c. 3 cm

TEST N.º 46

1. La accesibilidad de la llave del edificio debe ser para la empresa suministradora:

☐ a. De grado 1 o 2

☐ b. De grado 2 o 3

☐ c. De grado 2

2. Un armario con centralización general de contadores para gas natural, situado en la azotea de un edificio de 48 viviendas:

☐ a. Está prohibido

☐ b. Es correcto si tiene una abertura de ventilación de 50 cm² de sección libre mínima

☐ c. Es correcto si tiene dos aberturas de ventilación de 50 cm² de sección libre mínima

3. Indica cuál de las siguientes cuestiones no es correcta:

☐ a. La distancia entre una tubería vista de gas, perteneciente a una instalación receptora en un local destinado a uso comercial y una conducción eléctrica que la cruza debe ser al menos de 10 mm

☐ b. La norma UNE 60601 se refiere a la instalación de calderas a gas o agua caliente de potencia útil superior a 70 kW

☐ c. No es necesario que los aparatos de circuito estanco (tipo ventosa) estén fijados al muro de forma permanente

4. La prueba de estanquidad en el tramo de una instalación receptora de gas cuya presión máxima de servicio sea de 40 mbar, debe realizarse por la empresa instaladora a una presión efectiva de:

☐ a. 1 bar   ☐ b. 0,1 bar   ☐ c. 0,5 bar

5. La longitud máxima de los tubos flexibles para la conexión a una instalación receptora de gas de los aparatos móviles de calefacción es de:

☐ a. 150 cm ☐ b. 80 cm ☐ c. 60 cm

6. Las llaves de usuario deben tener un grado de accesibilidad de:

☐ a. 2 ☐ b. 3 ☐ c. 1

7. ¿Cada cuánto tiempo deben las empresas suministradoras de gas natural facilitar por escrito a cada abonado las recomendaciones y medidas de seguridad para el uso del gas?

☐ a. Anualmente y con ocasión de cada cambio de tarifas

☐ b. Cada 2 años y cuantas veces sean requeridas para ello

☐ c. Cada 4 años

8. Los conductos de evacuación de productos de la combustión disponen de un tramo que sigue al tramo vertical situado por encima del cortatiro del aparato de utilización. Este tramo debe formar con el tramo vertical un ángulo:

☐ a. Agudo

☐ b. Recto

☐ c. Obtuso

9. El tubo de evacuación de los PdC de una caldera de tiro natural de una potencia nominal de 34,5 kW, debe tener un diámetro interior de:

☐ a. 125 mm

☐ b. 1,39 dm

☐ c. 11,0 cm

10. Una nave industrial cuyo piso se encuentra a nivel de la calle tiene las siguientes dimensiones, largo 9 m, ancho 12 m, alto 4 m. Indica si un instalador puede o no realizar en su interior una instalación de dos botellas de GLP (una en servicio y otra en reserva) de 35 kg de capacidad unitaria:

☐ a. Puede realizarla si la abertura de ventilación (puerta, ventanas, etc.) llega a ras del suelo y tiene una superficie de 10,5 m^2

☐ b. Puede realizarla si la abertura de ventilación (puerta, ventanas, etc.) llega a ras del suelo y tiene una superficie de 12,5 m^2

☐ c. No puede realizarla en ningún caso

11. Todos los aparatos de gas sujetos al vigente Reglamento de aparatos que utilizan gas como combustible deben llevar en lugar visible una placa en la que conste, entre otros, los siguientes datos:

☐ a. Fecha de fabricación y fecha de aprobación de tipo único

☐ b. Número de fabricación y dirección de la empresa instaladora

☐ c. Número de fabricación y dirección de la empresa importadora

12. En un local destinado a contener contadores de gas en el que exista aparellaje, maquinaria o contadores eléctricos, se produce una:

☐ a. Anomalía principal   ☐ b. Anomalía secundaria   ☐ c. No hay anomalía

13. La sección libre mínima para la abertura de ventilación en un local de una vivienda de reciente construcción en el que se encuentran instalados dos aparatos de circuito abierto con un gasto calorífico total de 15.000 kcal/h, no conectados a conductos de evacuación, debe ser:

☐ a. Una abertura de 87,2 cm^2

☐ b. Una abertura inferior de 87,2 cm^2 y otra de 37,79 cm^2

☐ c. Dos aberturas de 50 cm^2 cada una

TEST N.º 47

1. Un quemador tiene una potencia nominal de 4.500 kcal/h, el caudal de gas de H_s 22.000 kcal/m^3 que debe circular por él para que esté debidamente ajustado será:

☐ a. 0,0225 m^3/h   ☐ b. 225 l/h   ☐ c. 0,225 m^3/h

2. En un local que contiene un calentador de agua instantáneo de 9 kW, una caldera de calefacción de 30 kW y un aparato de cocción de 7 kW, la superficie mínima de ventilación será:

☐ a. 140 m^2 ☐ b. Dos aberturas de 50 cm^2 ☐ c. 230 cm^2

3. Un local en un edificio de nueva construcción de uso doméstico, con un calentador de agua instantáneo de 15 te/h, un aparato de calefacción de 30 te/h y una secadora de 5 kW, necesita una superficie mínima de ventilación de:

☐ a. 345,8 cm^2 ☐ b. 286,62 cm^2 ☐ c. 170 cm^2

4. El volumen mínimo del local anterior deberá ser de:

☐ a. 12 m^2

☐ b. 8 m^2

☐ c. No precisa volumen mínimo

5. ¿Cuál será la superficie en planta mínima que debe tener un patio de ventilación de un edificio de antigua construcción para que pueda considerarse patio reglamentario, según sus dimensiones, si a ese patio dan 16 viviendas de las cuales solo 9 tienen caldera o calentador?

☐ a. 4,5   ☐ b. 6   ☐ c. 8

6. En un local de un edificio de antigua construcción de 7 m^3 de volumen que contiene un calentador de agua instantáneo de 7 kW y una calefacción de 4 kW, se requiere una superficie mínima de entrada de aire de:

☐ a. Esta instalación no se puede realizar por no tener el local el volumen mínimo exigido por el reglamento

☐ b. 55 cm^2

☐ c. 82,5 cm^2

7. Un local de 10 m^3 de volumen tiene instalado un calentador instantáneo de agua de 250 kcal/min (alimentado con gas natural) no conectado a conducto de evacuación de los PdC, la instalación tiene:

☐ a. Una anomalía principal

☐ b. Una anomalía secundaria

☐ c. Una anomalía no contemplada por la normativa

8. Las uniones acero – acero se pueden realizar:

☐ a. Mediante soldadura blanda o soldadura oxiacetilénica

☐ b. Mediante manguito en todos los casos

☐ c. Mediante soldadura fuerte o soldadura oxiacetilénica

9. Una vaina contendrá:

☐ a. Un máximo de dos tubos

☐ b. Un máximo de tres tubos

☐ c. Un máximo de un tubo

10. Las válvulas de seguridad por mínima presión:

☐ a. Nunca serán de rearme manual y sí automático

☐ b. Deben actuar cuando la presión alcanza valores por debajo de un valor prefijado

☐ c. Deben actuar cuando la presión alcanza valores por encima de un valor prefijado

11. Si en un local tenemos dos aparatos que evacuan los PdC a través del mismo conducto vertical, por diferentes orificios, ¿qué distancia debe haber entre las generatrices de ambos conductos?

☐ a. No inferior a 25 cm

☐ b. Es suficiente con 20 cm

☐ c. Como mínimo 15 cm

12. A efectos del Reglamento de instalaciones de gas en los locales destinados a usos domésticos, colectivos o comerciales, se considera semisótano:

☐ a. A los locales que no tienen ninguna comunicación con el exterior y su nivel es el de la calle

☐ b. Los locales situados en más de 0,60 m por debajo de la cota cero en todas las paredes que conforman el citado local

☐ c. Los locales situados en más de 60 cm por debajo del suelo en alguna de las paredes que conforman el citado local

13. ¿Puede discurrir una conducción de gas por el interior de un falso techo?

☐ a. Si es de madera el techo y el diámetro de la superficie que atraviesa es superior al menos de 10 cm al de conducción, sí

☐ b. Si es de obra y tiene ventilación forzada, sí

☐ c. Si está alojada en vaina y esta última con los extremos abiertos al exterior para ventilar posibles fugas de gas, sí

14. Las tuberías de gas no podrán atravesar cavidades no ventiladas:

☐ a. Solamente cuando estén alimentadas por gases de la 3.ª familia

☐ b. En ningún caso, el reglamento lo prohíbe

☐ c. Está permitido cuando la tubería esté alojada en una vaina continua, estanca, abierta y sobresaliendo al exterior por ambos extremos

15. En instalaciones receptoras de gas, ¿las tuberías pueden instalarse a nivel del suelo?

☐ a. Cuando estén protegidas mecánicamente, sí

☐ b. No, el reglamento marca una distancia mínima de 3 cm de la parte más próxima del tubo al suelo

☐ c. Cuando discurran por lugares por los que no puedan sufrir deterioros ni impedir el libre tránsito de las personas, sí

TEST N.º 48

1. Las vainas utilizadas para la protección mecánica de las tuberías de gas:

☐ a. Pueden ser de acero o de cobre

☐ b. Deben ser de acero

☐ c. Deben ser preferentemente metálicas, pero se admite que sean de polietileno en ciertos casos indicados en la ITC aplicable

2. La botella de reserva de 12,5 kg de butano comercial que no esté acoplada a la de servicio con una lira:

☐ a. Debe estar necesariamente en el exterior, al aire libre, en un lugar ventilado y conforme a las condiciones de seguridad establecidas por la normativa vigente

☐ b. Debe colocarse en un cuarto independiente del que se aloje la botella en servicio

☐ c. Puede colocarse en posición horizontal únicamente si está expresamente autorizada para ello por el fabricante

3. En las instalaciones con aparatos de circuito abierto que deben ser conectados a un conducto de evacuación de los productos de la combustión:

☐ a. Los aparatos deberán tener, incorporado o acoplado a la salida de los productos de la combustión, un cortatiro

☐ b. Los aparatos deberán tener, incorporado o acoplado a la salida de los productos de la combustión, un tramo vertical o inclinado de longitud superior a 0,20 m, provisto de deflector

☐ c. Los aparatos deberán tener, incorporado o acoplados a la salida de los productos de la combustión, un cortatiro, cuando el conducto de evacuación sea vertical en todo su recorrido

4. La llave de conexión al aparato:

☐ a. No pertenece a la instalación receptora individual

☐ b. Debe estar situada en el mismo local que el aparato

☐ c. Debe estar conectada mediante tubo flexible normalizado que cumpla la norma UNE 55539 a un aparato de producción de ACS, si este usa un gas de la 3.ª familia

5. En un local destinado a usos colectivos o comerciales en el que se encuentran instalados aparatos de gas para usos de cocción y/o preparación de alimentos cuya potencia nominal sea de 30.000 kcal/h y que carezca de abertura o conducto de entrada de aire, se produce una:

☐ a. Anomalía secundaria

☐ b. Anomalía principal

☐ c. No hay defecto mayor ni menor

6. En un bloque de 8 viviendas se prevé suministrar gas natural e instalar los siguientes aparatos en cada vivienda, con los caudales máximos nominales que se indican: caldera de calefacción de 3 m³/h, calentador de 2,6 m³/h y cocina de 1 m³/h. Tomando como poder calorífico superior del gas suministrado 10.000 kcal/m³, la potencia nominal de utilización simultánea de la instalación común es:

☐ a. 172,28 te/h   ☐ b. 145,4 te/h   ☐ c. 295,6 te/h

7. El tubo flexible de conexión entre una botella de GLP de 42,5 kg de capacidad y la tubería rígida de la instalación de gas no debe sobrepasar la longitud de:

☐ a. 150 cm

☐ b. 80 cm

☐ c. La normativa no dice nada al respecto

8. Un edificio de viviendas, construido hace 30 años, en el que se proyecta realizar instalaciones de gas en el patio de ventilación, de sección rectangular, previsto para efectuar la entrada de aire necesaria para la combustión de los aparatos de gas y/o la evacuación de los productos de la misma:

☐ a. Deberá tener al menos 2 m² de sección y 2 m de lado menor

☐ b. Se admite 2,4 m² de sección con lado menor de 0,9 m sin tiro continuo

☐ c. Podrá tener una sección inferior a 3 m² siempre que exista una abertura para entrada directa de aire exterior

9. En una batería constituida por catorce botellas de propano de 35 kg de capacidad unitaria (siete en servicio y siete en reserva) deben instalarse, entre otros dispositivos de seguridad:

☐ a. Preferiblemente un inversor manual o un inversor automático

☐ b. Dos extintores de eficacia 21A – 113 B

☐ c. Un dispositivo de rearme manual para corte automático del suministro

10. Una nave industrial, cuyo piso se encuentra al nivel del suelo de la calle, tiene las siguientes dimensiones: largo 15 m, ancho 11 m y alto 7 m. Indica si un instalador de gas puede o no realizar en su interior una instalación de dos botellas de GLP (una en servicio y otra en reserva) de 35 kg de capacidad unitaria:

☐ a. No puede realizarla en ningún caso

☐ b. Puede realizarla si la abertura llega a ras de suelo y tiene 9 m^2 de superficie

☐ c. Puede realizarla si la abertura de ventilación (puerta, ventana, etc.) llega a ras del suelo y tiene una superficie de 12 m^2

11. Indica cuál de estas cuestiones no es correcta:

☐ a. Si un regulador no lleva llave de corte incorporada puede instalarse esta a la salida del mismo

☐ b. El recinto destinado a la instalación centralizada general de contadores puede situarse en una azotea

☐ c. La prueba de estanquidad en un tramo de la instalación receptora con presión máxima de servicio de 2 bar debe realizarse a una presión efectiva de 3,5 bar

12. En las uniones soldadas de tuberías vistas «cobre – cobre» en instalaciones de gas para usos domésticos:

☐ a. Puede utilizarse soldadura blanda en las instalaciones de más 0,5 bar

☐ b. No se admite soldadura fuerte en las instalaciones de menos de 50 mbar

☐ c. Ninguna de las respuestas anteriores es correcta

13. Una instalación receptora común para usos domésticos, con una potencia nominal de utilización simultánea de 446.000 kcal/h, que se suministra desde una red que opera a una presión de servicio efectiva de 2,5 kg/cm^2:

☐ a. No necesita proyecto ni autorización administrativa

☐ b. Necesita proyecto y autorización administrativa

☐ c. Necesita proyecto y no necesita autorización administrativa

14. ¿Qué sección mínima de ventilación debe ser practicada en una pared para la ventilación de un local de 7 m de largo, 5,5 m de ancho y 3,5 m de alto, donde están instaladas una cocina de 8 kW y una caldera de 20.000 kcal/h?

☐ a. 700 cm²

☐ b. 136,42 cm²

☐ c. 156,27 cm²

15. En las instalaciones receptoras de gas en los locales destinados a usos domésticos, colectivos o comerciales, la longitud máxima permitida para empotramiento del tubo de alimentación a los armarios que contienen reguladores y/o contadores empotrados en los muros fachada, límite de propiedad o prevestíbulo es:

☐ a. 0,40 m   ☐ b. 2,50 m   ☐ c. 1,80 m

TEST N.º 49

1. Cuando un dispositivo puede manipularse sin abrir cerraduras y sin disponer de escaleras o medios mecánicos especiales, se dice:

☐ a. Que está bien instalado

☐ b. Que tiene accesibilidad grado 2

☐ c. Que tiene accesibilidad grado 1

2. Suponiendo que se dispone de una tubería de polietileno que cumple la norma UNE-EN 1555:

☐ a. Puedo utilizarla, siempre que lo desee, en instalaciones de gas natural o manufacturado

☐ b. Solo puedo utilizar esta tubería en instalaciones de gases de la 1.ª y/o 2.ª familia

☐ c. No son correctas ninguna de las anteriores

3. ¿Cómo se denomina al conjunto de conducciones y accesorios comprendidos entre la llave de acometida, excluida esta, y la llave o llaves de edificio, incluidas estas?

☐ a. De ninguna manera en particular

☐ b. Acometida interior

☐ c. Instalación común

4. Para la ventilación de un armario destinado a albergar contadores de gas, ¿cuál será la sección mínima?

☐ a. 50 cm^2

☐ b. Depende de la longitud del conducto

☐ c. 50 cm^2, superior e inferior, total de sección libre 100 cm^2

5. Respecto a un aparato a gas para el que el aire necesario para la combustión se toma de la atmósfera del local en el que se encuentra instalado, indica cuál de las siguientes respuestas es la mejor:

☐ a. Deberá corresponder a un modelo homologado

☐ b. Necesitará conducto para la evacuación de los productos de la combustión dependiendo de sus características

☐ c. Todas las respuestas son correctas

6. ¿Cómo podríamos considerar al gas propano comercial?

☐ a. Un gas de alto poder calorífico y baja densidad relativa

☐ b. Un gas de mediano poder calorífico y densidad superior a la del aire

☐ c. Un gas de la 3.ª familia, más denso que el aire

7. ¿Qué norma deberán cumplir los tubos flexibles de acero inoxidable para conducción de combustibles gaseosos a una presión de 0,40 bar de longitud máxima de 2 m?

☐ a. Ninguna en especial

☐ b. La UNE 60713 en la parte que le corresponda

☐ c. Cualquier norma

8. El grado de gasificación es el correspondiente, en el caso de un local:

☐ a. Una potencia superior a 30 kW

☐ b. Una potencia comprendida entre 30 y 70 kW

☐ c. Las dos respuestas son falsas

9. Una vez alcanzado el nivel de presión necesario y transcurrido un tiempo prudencial para que se estabilice la temperatura:

☐ a. Se debe realizar la primera lectura de presión y contar el tiempo de ensayo

☐ b. Comprobaremos las fugas

☐ c. Tomaremos la lectura de presión y daremos por finalizada la prueba

10. ¿Puede asumir la función de llave de abonado la llave incorporada en un regulador con dispositivo de corte?

☐ a. Nunca

☐ b. Solo si se trata de gases de la 1.ª o 2.ª familia

☐ c. Algunas veces

11. La presión preestablecida a la que se ajustan cada una de las funciones de un regulador o válvula de seguridad:

☐ a. Es variable y distinta de entrada y de salida

☐ b. Siempre es mayor la presión de entrada que la de salida

☐ c. Es la presión de tarado

12. ¿Qué aparatos requieren conexión flexible?

☐ a. Las cocinas de encimera

☐ b. Los que funcionan a una presión menor de 1.500 mm c.d.a.

☐ c. Los móviles

13. La llave de usuario para un gas de la 1.ª familia está incluida en:

☐ a. En la instalación común

☐ b. La acometida interior

☐ c. La instalación individual

14. ¿Cómo se consideran las entradas de aire por medio de conductos que comunican el local con el exterior?

☐ a. Indirectas

☐ b. Conducidas

☐ c. Directas

15. ¿Qué tipo de unión solamente se aceptará cuando sean del tipo esfera cono por compresión o de anillos cortantes?

☐ a. Las uniones metal – metal, en baja presión e inmovilizado

☐ b. Las de macho cónico sin fondo

☐ c. Las uniones roscadas

16. En el caso de una batería de contadores de gas, las aberturas para ventilación deberán encontrarse en la parte inferior comunicando directamente con el exterior o indirectamente a través del zaguán de entrada, y en su parte superior comunicando directamente con el exterior del edificio o con un patio de ventilación, sea a través de una abertura o a través de un conducto:

☐ a. Falso

☐ b. Cierto

☐ c. Cuando dichos locales o armarios se ubiquen en azoteas, deberán existir dos aberturas: una en la parte superior y otra en la parte inferior comunicadas con el exterior, con sección libre mínima de 150 cm^2 cada una

17. ¿Qué aparato es factible de ser instalado en un cuarto de baño?

☐ a. Cualquiera si dispone de detector de fugas de gas

☐ b. Ninguno

☐ c. Únicamente los de circuito estanco

18. Cualquier modificación en una instalación deberá realizarse previo cierre de los aparatos a gas y del paso del gas a la instalación a modificar:

☐ a. Siempre

☐ b. Siempre, salvo que se utilicen procedimientos y técnicas específicas para la realización de operaciones en carga

☐ c. Nunca, ya que cualquier modificación en una instalación deberá realizarse previo cierre del paso del gas a la instalación a modificar y posteriormente de los aparatos a gas

19. Las uniones soldadas de una tubería de acero de diámetro nominal 5", en instalaciones receptoras de gas para usos domésticos, se podrán efectuar mediante:

☐ a. Soldadura oxiacetilénica o eléctrica

☐ b. Únicamente soldadura eléctrica

☐ c. Únicamente soldadura oxiacetilénica

20. Si una empresa instaladora de categoría B tiene veintiséis obreros especialistas, deberá tener como mínimo:

☐ a. Tres instaladores categoría B

☐ b. Un instalador B

☐ c. Cuatro instaladores B

21. En un bloque de 7 viviendas se prevé suministrar gas natural e instalar los siguientes aparatos en cada vivienda, con los caudales máximos nominales que se indican: caldera de calefacción de 3,2 m³/h, calentador de 2,4 m³/h y cocina de 1,2 m³/h. Tomando como poder calorífico superior del gas suministrado 10.000 kcal/m³, la potencia nom nal de utilización simultánea de la instalación común es:

☐ a. 157,42 te/h

☐ b. 182,30 te/h

☐ c. 280,84 te/h

TEST N.º 50

1. Para que la celosía de una terraza se considere como exterior, ¿qué superficie de sus paredes al exterior debe estar abierta?

☐ a. 2 m²   ☐ b. 1,5 m²   ☐ c. 0,40 m²

2. ¿Puede discurrir una conducción de gas por el interior de un local donde se encuentra ubicado un recipiente de combustible líquido?

☐ a. Sí

☐ b. No

☐ c. La normativa no dice nada al respecto

3. ¿Se puede instalar una tubería flexible acoplada directamente al racor de entrada de un calentador desde el manorreductor de una botella de GLP de capacidad unitaria inferior a 15 kg?

☐ a. Sí, pero su longitud no puede exceder de 1,5 m

☐ b. No, cuando la tubería flexible mida más de 60 cm

☐ c. El reglamento prohíbe este tipo de conexión

4. El inversor es un dispositivo que se utiliza para:

☐ a. Reducir una presión de gas comprendida entre límites determinados a otra constante

☐ b. Evitar que la presión de una canalización pueda subir por encima de un valor predeterminado

☐ c. La utilización selectiva de las botellas

5. ¿Cuál será la altura mínima a la que se debe ubicar un radiador luminoso de 12 kW si su inclinación es de 30º?

☐ a. La que señale el fabricante

☐ b. Como mínimo 4,2 m

☐ c. Cualquiera si la intensidad de la radiación que puede alcanzar a las personas no es superior a 200 W/m^2

6. En una instalación donde se encuentran varios aparatos conectados a conducto de evacuación de los PdC y alimentada con un gas más denso que el aire, la altura mínima del borde inferior del orificio de entrada de aire, al nivel del suelo, será de:

☐ a. 15 cm

☐ b. 30 cm

☐ c. 40 cm

7. El limitador es un dispositivo que se utiliza para:

☐ a. Reducir una presión de gas comprendida entre límites determinados a otra constante

☐ b. Evitar que la presión de una canalización pueda subir por encima de la presión permitida

☐ c. Cortar el paso de gas, en el caso de aumento inesperado de presión

8. Si un conducto de los PdC atraviesa un techo combustible, ¿cuántos centímetros será mayor el diámetro del orificio de protección que el del conducto?

☐ a. Lo justo para que pase dicho conducto

☐ b. 20 cm

☐ c. 10 cm

9. En el interior de una cocina de un restaurante la instalación de gas trabaja a una presión de 112 g/cm^2, ¿a qué presión mínima debe ser realizada la prueba de estanquidad de las conducciones?

☐ a. 0,1 bar

☐ b. 0,2 bar

☐ c. 0,3 bar

10. La parte superior de un conducto técnico deberá tener una salida directa al exterior, de sección libre mínima de:

☐ a. 200 cm^2

☐ b. 150 cm^2

☐ c. 300 cm^2

11. En la instalación de conductos de evacuación de aparatos estancos:

☐ a. Debe instalarse al final del conducto un deflector desviador del flujo

☐ b. Debe instalarse el extremo del conducto a 40 cm de cualquier entrada de aire

☐ c. No siempre es necesario que el extremo del conducto esté a 40 cm de una ventana, ya que puede depender del tipo de aparato y del sistema de evacuación utilizado

12. En instalaciones alimentadas con gases de la 2.ª familia, para la instalación de los conjuntos de regulación se prefieren las zonas de las edificaciones que:

☐ a. Sean lo más cerradas posible para evitar posibles fugas, priorizando la contención frente a la ventilación, aunque esta medida no se considera adecuada ni segura

☐ b. Sean plantas inferiores al semisótano

☐ c. Sean armarios empotrados en la fachada

13. En instalaciones alimentadas desde depósitos de GLP en el caso de ubicar los reguladores de primera etapa en los recintos destinados a contadores, deberá colocarse una toma de presión de pequeño calibre provista de tapón roscado estanco:

☐ a. A la entrada del regulador

☐ b. A la salida del contador

☐ c. A la salida del regulador

14. ¿Qué sección para la ventilación de aire (a través de conducto de 5,6 m), precisa un local donde se encuentra instalada una caldera de calefacción de 30.000 kcal/h?

☐ a. 147,7 cm^2

☐ b. 261,6 cm^2

☐ c. 174,4 cm^2

TEST N.º 51

1. El caudal aportado por una bombona de GLP:

☐ a. Depende del HS del gas

☐ b. Depende del potencial de combustión

☐ c. Depende del grado de vaporización

2. La distancia mínima de una bombona UD-110 a un interruptor eléctrico será de:

☐ a. 0,50 m   ☐ b. 0,75 m   ☐ c. 0,30 m

3. ¿Cuál de estos quemadores tiene mayor consumo?

☐ a. Pn = 300 kcal/min   R = 0,7

☐ b. Pn = 4 kcal/s   R = 0,8

☐ c. Pn = 10.000 kcal/h   R = 0,6

4. En las conducciones de instalaciones de gas:

☐ a. Está permitido empotrar tuberías que sean de acero o cobre cuando el tramo empotrado supere los 0,50 cm

☐ b. No está permitido empotrar tuberías

☐ c. Está permitido empotrar tuberías siempre que el tramo empotrado no supere los 0,40 cm

5. ¿Cuál de estos gases tiene mayor poder calorífico?

☐ a. Gas natural

☐ b. Propano

☐ c. Butano

6. ¿Cómo se subdividen los gases combustibles?

☐ a. En mayores y menores atendiendo a su H_s

☐ b. En familias

☐ c. En partículas elementales menos densas que el aire

7. ¿Qué elemento es necesario cambiar en un aparato a gas con quemador atmosférico cuando se pasa a utilizar otro gas al inicialmente utilizado, si ese nuevo gas dispone de un HS superior?

☐ a. El quemador

☐ b. La cazoleta

☐ c. El inyector

8. ¿Quién debe emitir los certificados de una instalación de gas?

☐ a. La empresa instaladora

☐ b. El suministrador de materiales

☐ c. La empresa suministradora

9. Una instalación de 6 x 6 botellas de 35 kg, ¿necesita extintores?

☐ a. Si están en el interior de un local, sí

☐ b. No

☐ c. Sí, dos de eficacia 21-A, 113-B, ubicados en el exterior de la caseta, en un lugar de fácil acceso

10. La distancia mínima de la tubería de una instalación de gas al suelo es:

☐ a. Puede ir por el suelo

☐ b. 3 cm

☐ c. 5 cm

11. En el interior de una vivienda se permite la instalación de bombonas en batería de butano. ¿Cuántas bombonas como máximo se pueden conectar en dicha batería?

☐ a. Dos

☐ b. Cuatro

☐ c. Ninguna de las respuestas anteriores es correcta

12. ¿A qué familia pertenece el gas natural?

☐ a. 1.ª familia   ☐ b. 2.ª familia   ☐ c. 3.ª familia

13. ¿Pueden colocarse las botellas de 35 kg en posición invertida en una instalación?

☐ a. No

☐ b. Solo cuando usan vaporizador

☐ c. No lo dice la normativa

14. ¿Con cuál de estos materiales no puede hacerse una conducción de GLP?

☐ a. Cobre

☐ b. Plomo

☐ c. Acero estirado

15. Si la instalación es de dos botellas de 35 kg:

☐ a. Deberán colocarse en el interior

☐ b. La ventilación será de 1/10 de la superficie de la nave

☐ c. Ninguna de las respuestas es correcta

16. De estos lugares, ¿dónde está prohibido colocar bombonas de GLP?

☐ a. En terrazas

☐ b. En patios

☐ c. En pasillos

17. Una caseta de botellas de 35 kg, ¿debe llevar el piso con inclinación al exterior?

☐ a. Dependerá de lo que indique la empresa suministradora, ya que algunos requisitos pueden variar en función de sus protocolos específicos y de la evaluación del emplazamiento

☐ b. Si lleva dos extintores, no

☐ c. Sí

18. ¿A qué familia pertenece el propano comercial?

☐ a. 1.ª familia

☐ b. 2.ª familia

☐ c. 3.ª familia

19. Una caseta de botellas del grupo mayor de 70 kg:

☐ a. Puede estar a 1 m de un interruptor eléctrico

☐ b. Puede estar a 1 m del registro de una alcantarilla

☐ c. Puede estar a 4 m de una caldera de fueloil

20. El caudal de gas natural de H_s = 10.200 kcal/m³ que consume un aparato de potencia nominal de 4 kW/h es de:

☐ a. 0,337 m³/h   ☐ b. 0,247 m³/h   ☐ c. 2,211 m³/h

TEST N.º 52

1. Una instalación con MOP ≤ 2 bar, ¿cuál será la presión de prueba?

☐ a. 3,5 bar

☐ b. 3 bar

☐ c. 2 bar

2. Las instalaciones de botellas de 35 kg:

☐ a. Necesitan siempre dos extintores clase 21A 113B

☐ b. Si pertenecen al grupo de menos de 70 kg y se encuentran en una nave, esta debe tener un volumen superior a 1.000 m³ y 150 m² de superficie mínima

☐ c. Tendrán un diámetro en sus conducciones como mínimo de 12 mm

3. Una caseta de 4 + 4 botellas de 35 kg se encuentra situada a 1 m de un enchufe eléctrico, ¿es correcto?

☐ a. Si lo autoriza la empresa suministradora, sí

☐ b. Si la distancia es a las botellas de reserva, sí

☐ c. No

4. ¿A qué familia pertenece el aire propanado de alto índice de Wobbe?

☐ a. 1.ª familia

☐ b. 2.ª familia

☐ c. Este gas no existe

5. El aire metanado:

☐ a. Es un gas combustible de alto poder calorífico

☐ b. Es un gas de la tercera familia

☐ c. Es un gas de la primera familia

6. Una instalación de botellas de gas butano exigirá la realización de proyecto:

☐ a. No lo dice la normativa

☐ b. Si el almacenamiento de gas es de 200 kg

☐ c. Si el almacenamiento de gas es de 300 kg

7. Al realizar una instalación, ¿quién es el responsable de los materiales empleados?

☐ a. La empresa instaladora

☐ b. La empresa suministradora

☐ c. El fabricante

8. Una instalación de propano es cambiada a gas natural, ¿quién puede realizar las operaciones de adaptación de los aparatos de utilización?

☐ a. La empresa suministradora

☐ b. Un instalador categoría B

☐ c. Ninguna de las respuestas anteriores es correcta

9. ¿Qué instalaciones de gas requieren proyecto?

☐ a. Las comunitarias de más de 700 kW

☐ b. Las individuales de menos de 60,2 te/h siempre que no se superen los límites establecidos por el reglamento técnico correspondiente

☐ c. Las suministradas desde redes que operen a una presión de servicio efectiva superior a 5 bar

10. ¿Cuántos certificados se deben presentar a la empresa suministradora para que se autorice una instalación receptora individual de uso en un vehículo de recreo?

☐ a. Tres

☐ b. Cuatro

☐ c. Original y copia

11. ¿Cuándo realizará la empresa suministradora la inspección de una nueva instalación receptora de gas?

☐ a. Una vez recibida la documentación técnica

☐ b. Es opcional, quien deberá realizarla será la Administración

☐ c. En cualquier momento dentro de su ejecución o una vez terminada la misma y en disposición de servicio

12. La instalación de botellas de GLP, cualquiera que sea su tamaño, en locales cuyo piso esté más bajo que el nivel del suelo (sótanos), en cajas de escalera y en pasillos, ¿está prohibida?

☐ a. Sí, pero en los casos de las botellas de capacidad inferior a 15 kg, sí se pueden realizar

☐ b. Sí, pero la colocación en lugares de este tipo requerirá una especial autorización de la delegación de industria, previo informe de la empresa suministradora de gas

☐ c. Está absolutamente prohibido

13. ¿De qué tipo será una soldadura realizada por capilaridad, si el fundente corresponde a estaño-plata, con punto de fusión aproximado de 225 ºC y los elementos a soldar son de cobre, consistentes en tres tuberías, dos de 26/28 y una de 13/15 mm con una pieza en forma de T de 28/15/28?

☐ a. Soldadura de derivación

☐ b. Soldadura blanda

☐ c. Soldadura fuerte

14. ¿Quién debe controlar los materiales y la ejecución de los trabajos en una instalación de gas?

☐ a. El instalador

☐ b. El constructor de nuevos edificios

☐ c. La empresa instaladora

15. ¿Qué criterios se deben aplicar para la determinación de la potencia nominal de utilización simultánea de una instalación?

☐ a. El rendimiento de los aparatos a gas

☐ b. La potencia nominal de los aparatos instalados

☐ c. Lo detallado en el apéndice A de la Orden 17-12-85

16. La superficie mínima de cada una de las aberturas de aireación de un recinto local ubicado en un semisótano, para la instalación centralizada general de contadores, de 9 m de largo, 4 m de ancho y 2 m de alto, que realiza la comunicación con el exterior a través de conductos de 9 m de longitud cada uno, será de:

☐ a. 540 cm^2

☐ b. 300 cm^2

☐ c. 450 cm^2

17. En una vivienda de nueva construcción se encuentra una instalación de gas formada por una cocina de 8.900 kcal/h, un aparato de calefacción de 4.000 kcal/h, un calentador instantáneo de 18.000 kcal/h y un refrigerador de 4.000 kcal/h que realiza la evacuación de los PdC de los aparatos no conducidos a través de una abertura en una ventana que da directamente a un patio de ventilación, la superficie mínima del orificio para la ventilación, será de:

☐ a. 200 cm^2

☐ b. 203 cm^2

☐ c. 160 cm$^{2°}$

18. En función de la presión máxima de servicio a la que puede operar cada tramo de una instalación receptora de gas, ¿qué se determina?

☐ a. Únicamente la presión de prueba

☐ b. Únicamente la duración de la prueba

☐ c. La presión de prueba, la duración de la misma y la escala y tipo de manómetro a utilizar

19. ¿Qué se entiende por tubería enterrada y dónde no se puede realizar su instalación?

☐ a. Si la tubería está alojada en el subsuelo, no se permite instalar tuberías enterradas en el suelo de las viviendas o locales comerciales

☐ b. Si la tubería está alojada en el subsuelo, no se permite instalar tuberías enterradas en suelos pantanosos

☐ c. Si la tubería está alojada en el subsuelo, se permite instalar tuberías enterradas en el suelo de las viviendas o locales comerciales, siempre que lo realice un instalador categoría A

20. Si una anomalía principal no puede ser subsanada en el momento de su detección:

☐ a. Se deberá cortar el suministro totalmente

☐ b. Se deberá cortar el suministro parcialmente

☐ c. Se deberá cortar el suministro total o parcialmente o la conexión al aparato a gas, según proceda

21. Qué afirmación no es correcta:

☐ a. Las anomalías secundarias se aconseja subsanarlas en el mismo momento de su detección

☐ b. Cuando no sea posible subsanar una anomalía principal, cortaremos de inmediato el suministro a la instalación receptora

☐ c. Antes de proceder a cortar el suministro debemos informar de dichos cierres a los servicios competentes en materia de industria de la Comunidad Autónoma

22. Durante la revisión de una instalación receptora podremos detectar una fuga de gas mediante:

☐ a. La aproximación de una llama

☐ b. El giro de la métrica del contador

☐ c. Las dos respuestas anteriores son ciertas

23. Si en una revisión hemos encontrado una tubería flexible visiblemente dañada, se trata de:

☐ a. Una anomalía secundaria

☐ b. Una anomalía principal

☐ c. No se considera defecto

TEST PROPUESTOS EN EXÁMENES

1. En una sala de máquinas a gas propano ubicada en el semisótano de un edificio de nueva construcción, ¿dónde se deben situar los detectores de gas?

☐ a. No es obligatoria su instalación en este caso

☐ b. A 200 mm sobre el suelo de la sala como máximo

☐ c. En la boca del conducto de salida de aire

2. Un patio de ventilación en un edificio de nueva construcción tiene una superficie en planta de 12 m^2 y está descubierto superiormente. A dicho patio dan 16 cocinas que van a contener calderas estancas a gas de 20 kW de potencia térmica nominal cada una. Indica si se podría utilizar dicho patio para la evacuación de productos de la combustión:

☐ a. No

☐ b. Sí, en cualquier caso

☐ c. Sí, dotando al patio de entrada de aire por su parte inferior

3. La revisión periódica de una instalación receptora de 10 kW alimentada con botella de propano de 11 kg en una vivienda que tiene un certificado de instalación de fecha 2 de diciembre de 2008 debe realizarse:

☐ a. Antes del 02/12/2013 por una empresa instaladora de gas, a petición del titular o usuario de la instalación

☐ b. Antes del 02/12/2013 por una empresa instaladora de gas, y comprende desde la llave de usuario hasta la llave de conexión de aparatos, excluidos estos

☐ c. Antes del 02/12/2013 por una empresa instaladora de gas, y comprende desde la llave de usuario hasta la llave de conexión de aparatos, incluidos estos

4. ¿Cuál es la potencia de diseño de una instalación individual de una vivienda compuesta por un calentador de 28 kW de potencia, una cocina de 8 kW y un horno de 11 kW a gas natural (siendo las potencias referidas al poder calorífico inferior del gas), (el poder calorífico superior del gas natural es de 12,2 kWh/m^3):

☐ a. 51,7 kW

☐ b. 47,3 kW

☐ c. 38,8 kcal/h

5. ¿Cuál debe ser el volumen bruto mínimo del local de una vivienda donde se ha instalado una cocina (14 kW) y un calentador de agua atmosférico de 5 litros (12 kW) conducido a exterior por tiro natural en un edificio existente que tiene una superficie libre de ventilación por orificios directos al exterior de 150 cm^2?

☐ a. 26 m^3

☐ b. 6 m^3

☐ c. 8 m^3

6. ¿Qué volumen mínimo debería tener un local que tenga instalado solamente un calentador de ACS de circuito abierto de 25 kW?

☐ a. 17.000 dm³

☐ b. 25 m³

☐ c. Ninguna de las anteriores

7. Con las características del caso anterior, ¿qué ventilación mínima necesitaría el local si no dispone de campana extractora o similar y el gas utilizado es butano?

☐ a. Dos aberturas directas o indirectas al exterior, una inferior y una superior que entre las dos sumen 125 cm² y que ninguna sea inferior a 62,5 cm²

☐ b. Dos aberturas directas o indirectas al exterior; una inferior y una superior que entre las dos sumen 130 cm² y que ninguna sea inferior a 65 cm²

☐ c. Ninguna respuesta es correcta

8. Cuáles son las condiciones de referencia para un gas combustible de alguna de las familias contempladas en RD 919/2006:

☐ a. 0 °C y 1 bar

☐ b. 15 °C y 1 bar

☐ c. 273 k y 1 bar

9. ¿Se deben sustituir las conexiones flexibles que unen el colector en los envases de una batería de botellas de GLP de 35 kg de capacidad unitaria?

☐ a. No, son de uso permanente

☐ b. Sí, coincidiendo con la inspección periódica

☐ c. Sí, como máximo en la fecha que debe indicar la tubería

10. En función del tipo de instalación receptora, el instalador de gas deberá cumplimentar el siguiente certificado:

☐ a. El certificado de instalación común de gas

☐ b. El certificado de instalación individual de gas

☐ c. Ninguna de las anteriores

11. En un edificio colectivo de nueva edificación, los productos de la combustión de un calentador de ACS estanco y consumo de 20 kW se pueden evacuar por:

☐ a. Conducto con salida directa al exterior

☐ b. Conducto tipo «shunt» colectivo a cubierta

☐ c. Conducto con salida a un patio

12. La comprobación de la estanquidad de la instalación receptora en servicio de una vivienda se puede realizar con:

☐ a. Agua jabonosa

☐ b. Un detector portátil en todo su trazado

☐ c. Usando el giro de la métrica de un contador de resolución superior a 1 dm^3

13. En la cocina de una vivienda en planta semisótano dotada de una superficie libre de ventilación al exterior de 190 cm^2, se encuentra un aparato de cocción de 5,5 kW de potencia útil nominal suministrada por canalización de GLP, ¿se podría poner en servicio esta instalación?

☐ a. No, en ningún caso

☐ b. Sí, en cualquier caso

☐ c. Sí, con un plazo de subsanación de defectos máximo de 6 meses

14. Un local destinado a cocina de una vivienda contiene un aparato de cocción eléctrico, una caldera mural mixta de tipo estanco y el contador de gas. Indica si el local precisa ventilación o no:

☐ a. Sí, precisa ventilación al exterior

☐ b. No

☐ c. Ninguna respuesta es cierta

15. Indica la potencia de diseño de la instalación común de MOP 2 bar de un edificio con 30 viviendas con grado de gasificación 1, dotadas de calefacción eléctrica individual, con un local comercial en la planta baja con un horno de 70 kW de potencia:

☐ a. 221 kW

☐ b. 394 kW

☐ c. 214 kW

16. De qué tipo de inversor deberá disponer un almacenamiento de gas propano formado por una batería de botellas con cuatro en descarga y cuatro en reserva, todas ellas conectadas de 35 kg de capacidad unitaria:

☐ a. Automático

☐ b. Manual

☐ c. Manual o automático

17. En una instalación receptora de GLP en la cocina de un restaurante, existe por cada aparato consumidor instalado, un regulador a la presión de operación con llave de corte aguas arriba del regulador. ¿Sería obligatorio instalar entre el regulador y el aparato consumidor alguna llave de corte?

☐ a. No, ya que la llave instalada hace la función de llave de conexión del aparato

☐ b. Sí, habría que instalar una llave de conexión de aparato

☐ c. No, ya que cada uno de los aparatos incorpora sus propias llaves de corte por normativa

18. Indica el caudal de aire mínimo para la combustión y ventilación de una sala de máquinas a gas natural ubicada en el semisótano de un edificio que no dispone de superficie de baja resistencia, siendo el consumo calorífico nominal de 630 kW y la superficie en planta de 32 m²:

☐ a. 1.580 m³/h

☐ b. 1.900 m³/h

☐ c. 630 m³/h

19. Para la alimentación de gas a los aparatos de consumo de la cocina de un local de preparación de comidas, se dispone en su interior de una instalación de dos envases de butano de 12,5 kg de capacidad unitaria conectados en descarga simultánea con adaptadores de salida libre, realizándose en dos etapas la reducción de presión hasta la máxima de operación a 30 mbar en la parte de tubería rígida. ¿Es correcta esta disposición?

☐ a. No, en ningún caso

☐ b. Sí, pero disponiendo de armario de alojamiento de envases

☐ c. Sí, sería correcta, siempre que se cumplan los requisitos técnicos establecidos para instalaciones con envases de GLP en interiores, incluyendo la reducción en dos etapas, el uso de adaptadores adecuados y la correcta ubicación y ventilación del sistema

20. En la instalación de GLP de una autocaravana, la descarga de la válvula de seguridad contra sobrepresiones, tiene lugar el alojamiento de envases con acceso desde el interior del vehículo. ¿Es correcta la disposición?

☐ a. Sí, en todo caso

☐ b. No, en ningún caso

☐ c. Sí, siempre que el alojamiento de los envases esté debidamente ventilado hacia el exterior, se garantice que los gases no puedan penetrar en el habitáculo, y se disponga de señalización visible que advierta de la posible actuación de la válvula de seguridad, conforme a lo establecido en la normativa de seguridad para vehículos vivienda

21. Para unir tubos de cobre mediante soldadura en la cocina de una vivienda en una instalación receptora que va a trabajar con gas natural a una presión máxima de 28 mbar se utilizará:

☐ a. Soldadura blanda únicamente

☐ b. Soldadura fuerte únicamente

☐ c. Soldadura blanda o fuerte indistintamente

22. ¿Cuál de los siguientes aparatos a gas se clasifica como móvil según la norma correspondiente?

☐ a. Horno encastrado en mueble

☐ b. Secadora de ropa

☐ c. Calentador de ACS

23. En un tramo vertical de tubería vista de diámetro nominal 3/4" se aconseja que tenga sujeciones como máximo cada:

☐ a. 1,5 m

☐ b. 2,0 m

☐ c. 3,0 m

24. Un contador de gas natural en el interior de una vivienda se puede instalar:

☐ a. En un baño

☐ b. A menos de 20 cm de un enchufe

☐ c. En un local no ventilado

25. Un aparato de cocción de alimentos encastrado en la encimera de la cocina de una vivienda se puede conectar a la instalación receptora de gas mediante:

☐ a. Conexión rígida

☐ b. Conexión flexible de acero inoxidable

☐ c. Las respuestas a y b son correctas

26. Para los aparatos estancos, entre dos salidas de productos de la combustión que atraviesen la fachada y situadas al mismo nivel, se debe mantener una distancia mínima de:

☐ a. 30 cm si se emplean deflectores divergentes indicados por el fabricante

☐ b. 60 cm en todos los casos, salvo que se disponga de una justificación técnica específica en el manual del fabricante que permita una distancia menor

☐ c. La que indique el fabricante del aparato estanco, siempre que esté justificada en el manual de instalación y cumpla con las condiciones de seguridad establecidas

27. En una instalación de gas en servicio, ¿quién puede retirar el contador?

☐ a. La empresa distribuidora

☐ b. La empresa instaladora

☐ c. El servicio de asistencia técnica

28. Si vemos en un local que no dispone de orificio de ventilación y que solo hay instalado un aparato estanco de 28 kW debemos considerarlo:

☐ a. Anomalía principal

☐ b. Anomalía secundaria

☐ c. Sin anomalía

29. Para la entrega de una instalación receptora de gas natural (MOP 30 mbar) que tiene una longitud de 7 m, se debe realizar una prueba de estanquidad que dure como mínimo:

☐ a. 30 minutos, conforme a lo establecido para instalaciones con una longitud igual o inferior a 15 metros, a fin de garantizar la ausencia de fugas antes de su puesta en servicio

☐ b. 15 minutos

☐ c. 10 minutos

30. Entre los datos que debe facilitar la empresa distribuidora para el cálculo del diseño de una instalación receptora de gas están:

☐ a. Presión de garantía a la salida de la llave de acometida y la densidad absoluta del gas suministrado

☐ b. El diámetro nominal de la llave de acometida y el índice de Wobbe del gas suministrado

☐ c. El poder calorífico inferior (H_i) dentro del rango indicado para la familia del gas suministrado

31. El volumen bruto mínimo que debe tener un local que tiene instaladas: una parrilla de 10 kW, una cocina de 4 fuegos de 12 kW, un horno con salida de PdC conducida de 18 kW, un calentador estanco de 22 kW y una plancha de 9 kW, será:

☐ a. 23 m³

☐ b. 41 m³

☐ c. 63 m³

32. El conducto de los productos de la combustión de un aparato atmosférico con salida directa a un patio de ventilación:

☐ a. Debe tener en su extremo un deflector solo si acaba en posición vertical

☐ b. Entre la base del collarín del aparato y la unión del primer codo, debe haber un tramo vertical de 20 cm como mínimo

☐ c. El extremo del conducto tendrá una distancia mínima de 40 cm respecto al muro que ha atravesado

33. En el interior de una vivienda:

☐ a. Se pueden conectar tres botellas de propano en batería cuando se tomen las medidas de seguridad reglamentarias

☐ b. Una botella de butano de reserva no conectada debe estar colocada en local diferente donde está la botella conectada

☐ c. Se puede conectar una botella de propano de 11 kg a un calentador ACS tipo B sin intercalar regulador alguno en todos los casos posibles

34. ¿Qué norma UNE se debe utilizar para realizar uniones roscadas de tubos para gas?

☐ a. UNE 19500   ☐ b. UNE-EN 1775   ☐ c. UNE 60405

35. Una instalación individual suministrada desde una red de distribución de propano con una MOP de 100 mbar debe tener un sistema de regulación consistente en:

☐ a. Un regulador de presión y una válvula de seguridad por mínima presión

☐ b. Un regulador de presión, una válvula de seguridad por máxima presión y en algunos casos, válvula de seguridad por mínima presión

☐ c. Se consultará con el distribuidor la necesidad de poner un regulador de presión y/o una válvula de seguridad por mínima presión

36. De los modelos de certificados establecidos en la normativa aplicable, ¿cuál se debe entregar al titular de una nueva instalación receptora individual de gas de los siguientes?

☐ a. Modelo IRG-2

☐ b. Modelo IRG-3

☐ c. Modelo IRG-4

37. Una instalación receptora alimentada desde una red de distribución de propano de la compañía Repsol, debe ser controlada periódicamente:

☐ a. Por el titular o usuario solicitando los servicios de una empresa instaladora de gas habilitada

☐ b. Por la compañía Repsol con medios propios o externos, siendo abonado el coste del control por el titular

☐ c. Las dos respuestas anteriores son correctas

38. Un local tiene un calentador ACS de tiro natural de 16 kW y dispone de una ventana que da al exterior con unas medidas de 20 x 40 cm. ¿Dispone o es necesaria la ventilación rápida?

☐ a. Ni dispone, ni es necesaria la ventilación rápida por el tipo de aparato instalado

☐ b. Es necesaria, pero no dispone de ella

☐ c. Es necesaria y dispone de ella mediante ventana

39. Los aparatos de GLP instalados en una autocaravana deben tener una revisión periódica:

☐ a. Cada 5 años

☐ b. Cada 4 años

☐ c. En las autocaravanas solo se revisa periódicamente la instalación de GLP y no sus aparatos

40. En la cocina de una vivienda del año 2001 existe un aparato de cocción de alimentos a gas no conducido de 18 kW y en la terraza exterior un calentador atmosférico ACS de 28 kW, ¿qué requisito mínimo de ventilación tendrá la cocina si los aparatos funcionan con gas natural?

☐ a. Ventilación directa o indirecta mediante una abertura a cualquier altura o que exista un extractor que tenga más de 158 cm^2 de superficie libre en la extracción

☐ b. Únicamente una abertura a cualquier altura directa o indirecta al exterior

☐ c. Dos aberturas (inferior y superior) mediante ventilación directa únicamente

41. Se va a poner en servicio una instalación receptora individual de GN consistente en una caldera y una cocina, ¿se debe comunicar a la Administración?

☐ a. No es necesario

☐ b. Sí

☐ c. Depende de la potencia de aparatos

42. ¿Se debe facilitar periódicamente al usuario de una instalación las recomendaciones de utilización y medida de seguridad para el uso de la misma?

☐ a. No es necesario

☐ b. Sí, por la empresa instaladora

☐ c. Sí, por el suministrador

43. Si resulta materialmente imposible cumplir alguna prescripción del reglamento de gas, ¿se podrá ejecutar la instalación?

☐ a. No

☐ b. Sí, comunicando a la Administración las técnicas adoptadas en el plazo de 30 días

☐ c. Sí, pero la Administración lo tiene que autorizar

44. El certificado de pruebas previas y puesta en servicio se extenderá:

☐ a. En todas las instalaciones receptoras individuales

☐ b. En las que tengan contrato de suministro domiciliario

☐ c. En las que no tengan contrato de suministro domiciliario

45. La inspección periódica de una instalación receptora de GN, ¿incluye los aparatos a gas?

☐ a. Sí

☐ b. No

☐ c. Depende de la potencia de la instalación

46. En instalaciones receptoras individuales sin contrato de suministro domiciliario:

☐ a. Finalizada la instalación, entregará el certificado correspondiente

☐ b. Finalizada la instalación, efectuará las pruebas y verificaciones y emitirá el certificado

☐ c. Las respuestas anteriores no son correctas

47. En un aparato a gas, el tipo de gas utilizado, la presión de suministro y el consumo nominal deberá figurar en:

☐ a. El manual de instrucciones del usuario

☐ b. En el propio aparato

☐ c. En el embalaje del aparato

48. ¿Puede un instalador de categoría C adecuar una caldera estanca por cambio de familia de gas?

☐ a. No

☐ b. Sí, si está acreditado

☐ c. Depende de la potencia del aparato

49. Un aparato a gas sin norma específica carece de dispositivo de seguridad que evite acumulación de gas no quemado, por lo que:

☐ a. No se puede instalar

☐ b. Solo se puede usar en el exterior

☐ c. Se puede utilizar en local suficientemente ventilado

50. Un aparato tipo B:

☐ a. Solo puede ser de tiro forzado

☐ b. Toma el aire para la combustión del local donde está

☐ c. No siempre está conectado a un conducto de evacuación, puede haber excepciones en condiciones específicas o en equipos de diseño particular

51. Entre los datos que debe facilitar la empresa suministradora para el cálculo del diseño de una instalación receptora están:

☐ a. Presión de garantía a la salida de la llave de acometida y la densidad absoluta del gas

☐ b. El diámetro nominal de la llave de acometida y el índice Wobbe del gas

☐ c. El poder calorífico inferior (Hi) dentro del rango indicado para la familia del gas

52. ¿Se pueden utilizar tubos flexibles para la conexión de contadores de gas?

☐ a. No

☐ b. Sí, si lo autoriza el suministrador justificadamente

☐ c. Sí, si son de acero inoxidable corrugado con conexiones roscadas según UNE 60713-1 y longitud inferior a 80 cm

53. ¿Qué presión mínima de gas debe haber en la llave de un aparato a gas butano?

☐ a. 20 mbar

☐ b. 25 mbar

☐ c. 17 mbar

54. Un calentador de ACS de GN de evacuación conducida por tiro natural instalado en la cocina de una vivienda en el año 2009:

☐ a. Deberá disponer de dispositivo de seguridad antirrevoco

☐ b. Se deberán aplicar medidas que impidan la interacción de la campana extractora de la cocina y el sistema de evacuación de productos de la combustión

☐ c. No se puede instalar si la cocina está en un semisótano

55. Se realiza una centralización de 12 contadores en un armario exterior. En relación con la superficie de ventilación del recinto, indica el caso correcto:

☐ a. Ventilación superior directa de 210 cm^2, adecuada para garantizar la salida del gas en caso de acumulación, cumpliendo con las exigencias mínimas de ventilación establecidas para armarios con más de 10 contadores

☐ b. Ventilación inferior directa de 50 cm^2 y superior de indirecta de 50 cm^2

☐ c. Ventilación superior directa de 10 cm^2 e inferior directa de 10 cm^2

56. Los reguladores para depósitos móviles de capacidad inferior o igual a 15 kg y conformes a la norma UNE-EN 12864 tienen una MOP máxima de salida de:

☐ a. 200 mbar

☐ b. 37 mbar

☐ c. 50 mbar

57. Se quiere diseñar una instalación de gas natural para la cocina de un bar en un edificio nuevo. La cocina tiene las siguientes dimensiones: 350 cm de ancho, 575 cm de largo y 240 cm de alto. Se quieren poner los siguientes aparatos a gas: calentador atmosférico conducido de 20 kW, aparato de cocción de 4 fuegos con horno de 35 kW, freidora de 15 kW y parrilla de 10 kW. ¿Qué combinación de las siguientes no se puede instalar en el local?

☐ a. Aparato de cocción con horno, freidora y parrilla

☐ b. Calentador, aparato de cocción con horno y freidora

☐ c. Calentador, freidora y parrilla

58. Se realiza la ventilación de un local mediante conducto circular horizontal de 5 m de longitud, siendo la suma de los aparatos de circuito abierto instalados de 60 kW, ¿qué diámetro mínimo aproximado debe tener el conducto?

☐ a. 13 cm

☐ b. 24 cm

☐ c. 19 cm

59. Nos encontramos en un bar donde la zona de cocina se comunica con la zona de barra mediante una puerta (190 cm x 75 cm) y una abertura permanente (50 cm x 115 cm). A efectos de condiciones de instalación de aparatos de gas y diseño de ventilación:

☐ a. No se pueden considerar el mismo local la cocina y la barra del bar

☐ b. Sí se pueden considerar el mismo local la cocina y la barra del bar, al ser el mismo titular

☐ c. Sí se pueden considerar el mismo local la cocina y la barra del bar, si la puerta de la cocina se abre

60. En una instalación de un calentador de ACS de 11,65 kW (como la de la figura), certificada en enero de 2008, realizada en una vivienda de un edificio existente de nueva gasificación, indica si la evacuación de productos de la combustión cumplía la normativa vigente o no. La desembocadura del conducto de evacuación cumple todas las distancias a paredes exteriores, cornisas, aleros, ventanas, aberturas de ventilación, etc., prescritas en la normativa:

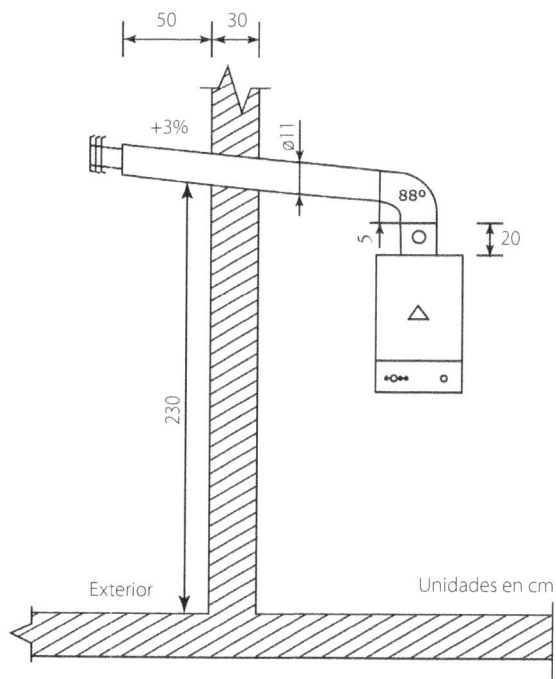

☐ a. Sí

☐ b. No

☐ c. Ninguna respuesta es correcta

RECOPILACIÓN DE CONCEPTOS MÁS IMPORTANTES PARA EL DISEÑO DE UNA INSTALACIÓN RECEPTORA

Determinación de diámetros en función del caudal, longitud de cálculo y pérdida de carga admitida para cada tipo de gas.

El método de trabajo que seguiremos para diseñar las instalaciones de gas y determinar los diámetros de las tuberías a instalar es el siguiente:

Datos preliminares:

- Conocer las características del gas que alimentará la instalación.
- Conocer la pérdida de carga admitida.
- Determinar el consumo de cada aparato.
- Calcular el caudal de simultaneidad de la instalación.

Para ello nos valdremos del método más fácil y rápido: las «Tablas», para los diferentes tipos de gases.

Potencia simultánea de la instalación individual de la vivienda (P_{siv})

Se determina en función de la dotación de aparatos a gas previstos en cada una de las viviendas existentes en un edificio, se debe utilizar la siguiente expresión:

$$P_{siv} = \left(A + B + \frac{C + D + \ldots}{2} \right) \cdot 1,10$$

donde:

P_{siv};   potencia simultánea de la instalación individual de la vivienda

A, B;   consumos caloríficos (referidos al H_i) de los dos aparatos de mayor consumo

C, D;   consumos caloríficos (referidos al H_i) del resto de los aparatos

1,10;   coeficiente corrector medio, función del H_s y del H_i del gas suministrado

Potencia simultánea de la instalación individual en locales (P_{sil})

En instalaciones de gas para locales destinados a usos no domésticos en los que se instalen aparatos a gas propios para dicho uso, la **potencia de diseño de la instalación** se determina como la suma de los consumos caloríficos de los aparatos a gas instalados, o previstos, o mediante la siguiente expresión:

$$P_{siv} = \left(A + B + \frac{C + D + \dots}{2} \right) \cdot 1{,}10$$

donde:

P_{sil}; potencia de diseño de la instalación individual del local de uso no doméstico

A, B, C; consumos caloríficos (referidos al Hi) de los aparatos de consumo

Potencia simultánea de la acometida interior o instalación común del edificio (P_{sc})

La **potencia de diseño de la acometida interior** o de la instalación común se determina mediante la suma de las potencias de diseño de las instalaciones individuales de cada una de las viviendas domésticas y locales de uso no doméstico existentes en el edificio, susceptibles de suministrarse con la misma acometida interior o con la misma instalación común, según el caso, y multiplicando el resultado por un coeficiente o factor de simultaneidad, de acuerdo con la siguiente fórmula:

$$P_{sc} = \sum P_{siv} \cdot S_n + \sum P_{sil}$$

donde:

P_{sc}; potencia simultánea de la acometida interior o instalación común

P_{siv}; potencia simultánea de la instalación individual de la vivienda

P_{sil}; potencia simultánea de la instalación individual del local de uso no doméstico

Coeficiente de simultaneidad

El **factor de simultaneidad** S_n es función del número de viviendas suministradas desde la acometida interior o la instalación común, según el caso, y de que exista o no calefacción individual.

donde:

S_1; factor de simultaneidad cuando no exista calefacción individual

S_2; factor de simultaneidad cuando exista calefacción individual

Los coeficientes S_1 y S_2 se obtienen, de forma general, mediante aplicación de las siguientes fórmulas:

$$S_1 = \frac{(19 + N)}{10 \cdot (N + 1)} \qquad S_2 = \frac{(19 + N)}{40 \cdot (N + 4)}$$

donde N; número de viviendas

Número viviendas	S_1	S_2
1	1,00	1,00
2	0,70	0,88
3	0,55	0,79
4	0,46	0,72
5	0,40	0,67
6	0,36	0,63
7	0,33	0,59
8	0,30	0,56
9	0,28	0,54
10	0,26	0,52
11	0,25	0,50
12	0,24	0,48
13	0,23	0,47
14	0,22	0,46
15	0,21	0,45
16	0,21	0,44

Número viviendas	S_1	S_2
17	0,20	0,43
18	0,19	0,42
19	0,19	0,41
20	0,19	0,41
21	0,18	0,40
22	0,18	0,39
23	0,18	0,39
24	0,17	0,38
25	0,17	0,38
26	0,17	0,38
27	0,16	0,37
28	0,16	0,37
29	0,16	0,36
30	0,16	0,36
Más de 30	0,15	0,35

Determinación del caudal máximo probable

El *consumo volumétrico (m³/h o kg/h) de un aparato a gas* se calcula como el cociente entre su consumo calorífico y el poder calorífico superior del gas suministrado, expresado en las mismas unidades, de acuerdo con la siguiente fórmula:

$$Q_n = \frac{1,10 \cdot P_{ahi}}{H_s}$$

donde:

Q_n;   consumo volumétrico del aparato de gas

P_{ahi};   consumo calorífico (referido al H_i) del aparato a gas

H_s;   poder calorífico superior del gas suministrado

1,10;   coeficiente corrector medio, función del H_s y del H_i del gas suministrado

El caudal de diseño de una instalación individual se calcula según la siguiente expresión:

$$Q_{si} = \frac{P_{si}}{H_s}$$

donde:

Q_{si}; caudal simultáneo de la instalación individual.

P_{si}; potencia simultánea de la instalación individual.

H_s; poder calorífico superior del gas suministrado.

El caudal de diseño de una acometida interior o de una instalación común, según sea el caso, se calcula según la siguiente fórmula:

$$Q_{sc} = \frac{P_{sc}}{H_s}$$

donde:

Q_{sc}; caudal simultáneo de la acometida interior o instalación común

P_{sc}; potencia simultánea de la instalación acometida interior o instalación común

H_s; poder calorífico superior del gas suministrado

También el cálculo del caudal de simultaneidad de la instalación común se puede realizar de acuerdo con la siguiente expresión, teniendo en cuenta que todas las viviendas tienen el mismo caudal de simultaneidad:

$$Q_{sc} = Q_{si} \cdot N \cdot S_n$$

donde:

Q_{sc}; caudal máximo de simultaneidad de la instalación común en m^3/h

Q_{si}; caudal máximo de simultaneidad de cada vivienda en m^3/h

N; número de viviendas

S_n; factor de simultaneidad, función del número de viviendas que alimenta la instalación común y de que estén instaladas o no calderas de calefacción

Longitudes reales

La longitud de la tubería es la que se obtiene midiéndola una vez instalada.

Si sumamos cada tramo, obtenemos la llamada longitud real (L_r) de la instalación.

Longitudes equivalentes de cálculo

Para compensar la pérdida de carga debido a las canalizaciones y accesorios, se toma como longitud del tramo de la instalación la longitud real (L_r) incrementada en un 20 %, denominándose longitud equivalente (L_e):

$$L_e = L_r \cdot 1,2$$

Utilización de las tablas en el cálculo de las instalaciones

En las cabeceras de las tablas se indican los diámetros en mm de las tuberías de cobre normalizados más usuales, y debajo los diámetros en pulgadas de los tubos de acero equivalentes.

En la columna de la izquierda se indican los valores de las pérdidas de carga en milímetros de columna de agua por metro de longitud equivalente (mm.c.d.a./m), mientras que en las columnas centrales del interior de la tabla, se reflejan los caudales en m^3/h o kg/h.

Es decir, que en las tablas se representan tres datos: la pérdida de carga, el diámetro de la tubería y el caudal.

Tablas para gas a redes MOP ≤ 0,05 bar

Una vez se encuentra la pérdida de carga por metro de longitud equivalente Δ_p/L_e (mm.c.d.a./m), se desciende por su columna hasta encontrar su valor por defecto, seguimos en horizontal hasta encontrar su caudal por exceso Q (m^3/h o kg/h) y ascendemos por la columna del caudal encontrado, obteniendo los diámetros de las tuberías en cobre (mm) o acero ("), según nos convenga.

Tablas para gas a redes 0,05 < MOP ≤ 5 bar

Una vez se encuentra la longitud equivalente Le (m), se desciende por su columna hasta encontrar su valor por exceso, seguimos en horizontal hasta encontrar su caudal por exceso Q (m^3/h o kg/h) y ascendemos por la columna del caudal encontrado, obteniendo los diámetros de las tuberías en cobre (mm) o acero ("), según nos convenga.

TABLA: Gas natural MOP ≤ 0,05 bar

$H_i = 10.500 \ kcal/m^3$

Pérdida de carga $\Delta p/L_e =$ mm.c.d.a/m	Diámetro del tubo de cobre (mm)					
	13/15	16/18	20/22	26/28	33/35	40/42
	Diámetro del tubo de acero (pulgadas)					
	1/2	---	3/4	1	1 1/4	1 1/2
0,20	0,6	1,0	1,6	3,3	6,3	9,9
0,25	0,7	1,1	1,8	3,7	7,1	11,2
0,30	0,7	1,2	2,0	4,1	7,8	12,3
0,35	0,8	1,4	2,1	4,4	8,5	13,4
0,40	0,8	1,5	2,3	4,8	9,2	14,4
0,45	0,9	1,6	2,5	5,1	9,9	15,4
0,50	1,0	1,7	2,6	5,4	10,4	16,3
0,55	1,0	1,7	2,7	5,7	10,9	17,2
0,60	1,1	1,8	2,9	6,0	11,5	18,1
0,65	1,1	1,9	3,0	6,2	12,0	18,9
0,70	1,1	2,0	3,1	6,5	12,5	19,6
0,75	1,2	2,1	3,3	6,7	12,9	20,4
0,80	1,2	2,1	3,4	7,0	13,4	21,1
0,85	1,3	2,2	3,5	7,2	13,9	21,9
0,90	1,3	2,3	3,6	7,4	14,3	22,6
0,95	1,4	2,4	3,7	7,7	14,7	23,2
1,00	1,4	2,4	3,8	7,9	15,2	23,9
1,50	1,7	3,0	4,8	9,9	18,9	29,9
2,00	2,0	3,5	5,6	11,5	22,2	35,0
2,50	2,3	4,0	6,3	13,0	25,1	39,5
3,00	2,6	4,4	7,0	14,4	27,7	43,7
3,50	2,8	4,8	7,6	15,7	30,2	47,6
4,00	3,0	5,2	8,2	16,9	32,5	51,2
4,50	3,2	5,5	8,7	18,0	34,6	54,6
5,00	3,4	5,9	9,2	19,1	36,7	57,9
5,50	3,6	6,2	9,7	20,1	38,7	61,0
6,00	3,7	6,5	10,2	21,1	40,6	64,0
6,50	3,9	6,8	10,7	22,1	42,4	66,8
7,00	4,1	7,0	11,1	23,0	44,2	69,6
7,50	4,2	7,3	11,5	23,9	45,9	72,3
8,00	4,4	7,6	12,0	24,7	47,5	74,9
8,50	4,5	7,8	12,4	25,6	49,1	77,5
10,00	4,9	8,6	13,5	27,9	53,7	84,7
12,00	5,5	9,5	14,9	30,9	59,4	86,1
14,00	5,9	10,3	16,3	33,6	61,0	81,6
16,00	6,4	11,1	17,5	36,2	61,0	81,6
18,00	6,8	11,8	18,7	37,3	61,0	81,6
20,00	7,2	12,5	19,8	37,3	61,0	81,6
22,00	7,6	13,2	20,8	37,3	61,0	81,6
24,00	8,0	13,9	21,5	37,3	61,0	81,6
26,00	8,4	14,5	21,5	37,3	61,0	81,6
28,00	8,7	15,1	21,5	37,3	61,0	81,6
30,00	9,0	15,3	21,5	37,3	61,0	81,6
35,00	9,8	15,3	21,5	37,3	61,0	81,6
40,00	10,1	15,3	21,5	37,3	61,0	81,6
50,00	10,1	15,3	21,5	37,3	61,0	81,6
60,00	10,1	15,3	21,5	37,3	61,0	81,6
80,00	10,1	15,3	21,5	37,3	61,0	81,6

El caudal viene expresado en m^3/h

TABLA: Gas butano MOP = 300 mm.c.d.a.

$H_i = 11.800$ kcal/kg

Pérdida de carga $\Delta p/L_e$= mm.c.d.a/m	Diámetro del tubo de cobre (mm)							
	4/6	6/8	8/10	10/12	13/15	16/18	20/22	26/28
	Diámetro del tubo de acero (pulgadas)							
	---	---	---	3/8	1/2	---	3/4	1
0,50	0,05	0,14	0,37	0,67	1,34	2,33	3,68	7,62
0,60	0,06	0,19	0,41	0,74	1,49	2,58	4,07	8,42
0,70	0,07	0,20	0,44	0,81	1,62	2,81	4,43	9,16
0,80	0,07	0,22	0,48	0,87	1,74	3,02	4,76	9,16
0,90	0,08	0,24	0,51	0,93	1,86	3,22	5,08	9,86
1,00	0,08	0,25	0,54	0,98	1,97	3,42	5,39	10,52
1,10	0,09	0,26	0,57	1,03	2,08	3,60	5,68	11,15
1,20	0,09	0,28	0,60	1,08	2,18	3,78	5,96	11,75
1,30	0,10	0,29	0,63	1,13	2,28	3,95	6,22	12,32
1,40	0,10	0,30	0,65	1,18	2,37	4,11	6,48	12,88
1,50	0,10	0,31	0,68	1,23	2,46	4,27	6,73	13,41
1,60	0,11	0,33	0,70	1,27	2,55	4,42	6,98	13,93
1,70	0,11	0,34	0,73	1,31	2,64	4,57	7,21	14,43
1,80	0,12	0,35	0,75	1,36	2,72	4,72	7,44	14,92
1,90	0,12	0,36	0,77	1,40	2,80	4,86	7,67	15,40
2,00	0,12	0,37	0,79	1,44	2,88	5,00	7,89	15,86
2,10	0,13	0,38	0,82	1,48	2,96	5,14	8,10	16,32
2,20	0,13	0,39	0,84	1,51	3,04	5,27	8,31	16,76
2,30	0,13	0,40	0,86	1,55	3,11	5,40	8,52	17,19
2,40	0,14	0,41	0,88	1,59	3,19	5,53	8,72	17,62
2,50	0,14	0,42	0,90	1,63	3,26	5,65	8,92	18,04
2,60	0,14	0,43	0,92	1,66	3,33	5,57	9,11	18,45
2,70	0,15	0,44	0,94	1,70	3,40	5,90	9,30	19,24
2,80	0,15	0,44	0,96	1,73	3,47	6,02	9,49	19,63
2,90	0,15	0,45	0,97	1,76	3,54	6,13	9,67	20,01
3,00	0,15	0,46	0,99	1,80	3,60	6,25	9,86	20,39
3,20	0,16	0,48	1,03	1,86	3,73	6,48	10,21	21,13
3,40	0,17	0,49	1,06	1,93	3,86	6,70	10,56	21,84
3,60	0,17	0,51	1,10	1,99	3,98	6,91	10,89	22,54
3,80	0,18	0,53	1,13	2,05	4,11	7,12	11,22	23,22
4,00	0,18	0,54	1,16	2,11	4,22	7,32	11,54	23,88
4,20	0,19	0,56	1,20	2,16	4,34	7,52	11,86	24,53
4,40	0,19	0,57	1,23	2,22	4,45	7,72	12,16	25,17
4,60	0,20	0,58	1,26	2,27	4,56	7,91	12,47	25,79
4,80	0,20	0,60	1,29	2,33	4,67	8,09	12,76	26,40
5,00	0,21	0,61	1,32	2,38	4,77	8,28	13,05	27,00
5,50	0,22	0,65	1,39	2,51	5,03	8,72	13,75	28,45
6,00	0,23	0,68	1,46	2,63	5,28	9,15	14,43	19,84
6,50	0,24	0,71	1,52	2,75	5,51	9,56	15,07	31,19
7,00	0,25	0,74	1,58	2,87	5,74	9,96	15,70	32,48
7,50	0,26	0,77	1,65	2,98	5,97	10,34	16,31	33,74
8,00	0,27	0,79	1,71	3,08	6,18	10,72	16,90	34,96
8,50	0,28	0,82	1,76	3,19	6,39	11,08	17,47	36,14
9,00	0,29	0,85	1,82	3,29	6,60	11,43	18,03	37,29
9,50	0,30	0,87	1,87	3,39	6,79	11,78	18,57	38,42
10,00	0,30	0,90	1,93	3,49	6,99	12,12	19,10	39,52
12,00	0,34	0,99	2,13	3,85	7,73	13,39	21,11	43,68
14,00	0,37	1,08	2,32	4,20	8,41	14,58	22,98	47,54
El caudal viene expresado en kg/h								

TABLA: Gas propano MOP = 370 mm.c.d.a.

$H_i = 11.900$ kcal/kg

Pérdida de carga $\Delta p/L_e$= mm.c.d.a/m	Diámetro del tubo de cobre (mm)							
	4/6	6/8	8/10	10/12	13/15	16/18	20/22	26/28
	Diámetro del tubo de acero (pulgadas)							
	---	---	---	3/8	1/2	---	3/4	1
0,50	0,05	0,15	0,32	0,58	1,17	2,02	3,19	6,61
0,60	0,05	0,16	0,35	0,64	1,29	2,24	3,53	7,31
0,70	0,06	0,18	0,38	0,70	1,40	2,44	3,84	7,95
0,80	0,06	0,19	0,41	0,75	1,51	2,62	4,14	8,56
0,90	0,07	0,20	0,44	0,80	1,61	2,80	4,41	9,13
1,00	0,07	0,22	0,47	0,85	1,71	2,96	4,68	9,68
1,10	0,08	0,23	0,49	0,90	1,80	3,12	4,93	10,20
1,20	0,08	0,24	0,52	0,94	1,89	3,28	5,17	10,70
1,30	0,08	0,25	0,54	0,98	1,97	3,42	5,40	11,18
1,40	0,09	0,26	0,57	1,02	2,06	3,57	5,63	11,64
1,50	0,09	0,27	0,59	1,06	2,14	3,71	5,84	12,09
1,60	0,09	0,28	0,61	1,10	2,21	3,84	6,06	12,53
1,70	0,10	0,29	0,63	1,14	2,29	3,97	6,26	12,95
1,80	0,10	0,30	0,65	1,18	2,36	4,10	6,46	13,37
1,90	0,10	0,31	0,67	1,21	2,43	4,22	6,65	13,77
2,00	0,11	0,32	0,69	1,25	2,50	4,34	6,85	14,16
2,10	0,11	0,33	0,71	1,28	2,57	4,46	7,03	14,55
2,20	0,11	0,34	0,73	1,31	2,64	4,57	7,21	14,93
2,30	0,11	0,34	0,74	1,35	2,70	4,69	7,39	15,29
2,40	0,12	0,35	0,76	1,38	2,77	4,80	7,57	15,66
2,50	0,12	0,36	0,78	1,41	2,83	4,91	7,74	16,01
2,60	0,12	0,37	0,80	1,44	2,89	5,01	7,91	16,36
2,70	0,13	0,38	0,81	1,47	2,95	5,12	8,07	16,70
2,80	0,13	0,38	0,83	1,50	3,01	5,22	8,24	17,04
2,90	0,13	0,39	0,85	1,53	3,07	5,32	8,40	17,37
3,00	0,13	0,40	0,86	1,56	3,13	5,43	8,55	17,70
3,20	0,14	0,41	0,89	1,62	3,24	5,62	8,86	18,34
3,40	0,14	0,43	0,92	1,67	3,35	5,81	9,16	18,96
3,60	0,15	0,44	0,95	1,72	3,46	6,00	9,46	19,57
3,80	0,15	0,46	0,98	1,78	3,56	6,18	9,74	20,16
4,00	0,16	0,47	1,01	1,83	3,66	6,35	10,02	20,73
4,20	0,16	0,48	1,04	1,88	3,76	6,53	10,29	21,29
4,40	0,17	0,49	1,06	1,93	3,86	6,70	10,56	21,85
4,60	0,17	0,51	1,09	1,97	3,96	6,86	10,82	22,39
4,80	0,17	0,52	1,12	2,02	4,05	7,03	11,08	22,92
5,00	0,18	0,53	1,14	2,07	4,14	7,18	11,33	23,44
5,50	0,19	0,56	1,20	2,18	4,37	7,57	11,94	24,70
6,00	0,20	0,59	1,26	2,28	4,58	7,94	12,52	25,91
6,50	0,21	0,61	1,32	2,39	4,79	8,30	13,09	27,07
7,00	0,22	0,64	1,38	2,49	4,99	8,64	13,63	28,20
7,50	0,22	0,66	1,43	2,58	5,18	8,98	14,16	29,29
8,00	0,23	0,69	1,48	2,68	5,37	9,30	14,67	30,38
8,50	0,24	0,71	1,53	2,77	5,55	9,62	15,16	31,37
9,00	0,25	0,73	1,58	2,86	5,72	9,92	15,65	32,37
9,50	0,26	0,76	1,63	2,94	5,90	10,22	16,12	33,35
10,00	0,26	0,78	1,67	3,03	6,07	10,52	16,58	34,30
12,00	0,29	0,86	1,85	3,35	6,71	11,63	18,33	37,92
14,00	0,32	0,94	2,01	3,64	7,30	12,65	19,95	41,27
El caudal viene expresado en kg/h								

TABLA: Gas natural P_1= 3.000 mm.c.d.a. $\qquad$ P_2= 2.750 mm.c.d.a.

H_i = 10.500 kcal/m³

L_e (m)	Diámetro del tubo de cobre (mm)										
	13/15	16/18	20/22	26/28	33/35	40/42	51/54	60/63	---	76/80	96/100
	Diámetro del tubo de acero (pulgadas)										
	1/2	---	3/4	1	1 1/4	1 1/2	2	---	2 1/2	3	4
2	12,4	18,8	26,5	45,9	75,2	106,0	183,5	264,2	300,7	424,0	734,0
4	12,4	18,8	26,5	45,9	75,2	106,0	183,5	264,2	300,7	424,0	734,0
6	12,1	18,8	26,5	45,9	75,2	106,0	183,5	264,2	300,7	424,0	734,0
8	10,3	17,9	26,5	45,9	75,2	106,0	183,5	264,2	300,7	424,0	734,0
10	9,1	15,9	25,0	45,9	75,2	106,0	183,5	264,2	300,7	424,0	734,0
15	7,3	12,7	20,0	41,4	75,2	106,0	183,5	264,2	300,7	424,0	734,0
20	6,2	10,8	17,1	35,3	67,9	106,0	183,5	264,2	300,7	424,0	734,0
25	5,5	9,6	15,1	31,2	60,1	94,7	183,5	264,2	300,7	424,0	734,0
30	5,0	8,7	13,7	28,3	54,3	85,7	177,2	264,2	300,7	424,0	734,0
40	4,3	7,4	11,7	24,1	46,4	73,1	151,3	245,2	290,9	424,0	734,0
50	3,8	6,5	10,3	21,3	41,0	64,7	133,8	216,9	257,3	405,6	734,0
60	3,4	5,9	9,3	19,3	37,1	58,5	121,1	196,2	232,8	366,9	734,0
70	3,1	5,4	8,6	17,7	34,1	53,8	111,2	180,3	213,9	337,1	697,4
80	2,9	5,1	8,0	16,5	31,7	50,0	103,4	167,5	198,7	313,3	648,0
90	2,7	4,7	7,5	15,5	29,7	46,8	96,9	157,0	186,3	293,7	607,4
100	2,6	4,5	7,1	14,6	28,0	44,5	91,4	148,2	175,8	277,1	573,3
125	2,3	4,0	6,2	12,9	24,8	39,1	80,9	131,1	155,5	245,2	507,1
150	2,1	3,6	5,6	11,7	22,4	35,4	73,2	118,6	140,7	221,8	458,8
175	1,9	3,3	5,2	10,7	20,6	32,5	67,2	109,0	129,3	203,8	421,5
200	1,8	3,1	4,8	10,0	19,2	30,2	62,5	101,3	120,1	189,4	391,7

El caudal viene expresado en m³

TABLA: Gas propano $\qquad$ P_1= 1,85 kg/cm² $\qquad$ P_2= 1,35 kg/cm²

H_i = 11.900 kcal/kg

L_e (m)	Diámetro del tubo de cobre (mm)							
	4/6	6/8	8/10	10/12	13/15	16/18	20/22	26/28
	Diámetro del tubo de acero (pulgadas)							
	---	---	---	3/8	1/2	---	3/4	1
2	4,204	9,460	16,817	26,277	44,408	67,268	94,859	164,229
4	4,204	9,460	16,817	26,277	44,408	67,268	94,859	164,229
6	4,204	9,460	16,817	26,277	44,408	67,268	94,859	164,229
8	4,017	9,460	16,817	26,277	44,408	67,268	94,859	164,229
10	3,553	9,460	16,817	26,277	44,408	67,268	94,859	164,229
15	2,844	8,322	16,817	26,277	44,408	67,268	94,859	164,229
20	2,428	7,105	15,221	26,277	44,408	67,268	94,859	164,229
25	2,148	6,285	13,465	24,313	44,408	67,268	94,859	164,229
30	1,943	5,686	12,181	21,996	44,066	67,268	94,859	164,229
40	1,659	4,855	10,400	18,780	37,623	65,204	94,859	164,229
50	1,467	4,294	9,200	16,613	33,282	57,680	90,925	164,229
60	1,328	3,885	8,323	15,029	30,109	52,182	82,257	164,229
70	1,220	3,570	7,647	13,809	27,664	47,944	75,577	156,329
80	1,133	3,317	7,106	12,832	25,707	44,552	70,231	145,270
90	1,062	3,109	6,661	12,028	24,096	41,761	65,830	136,166
100	1,003	2,934	6,286	11,351	22,741	39,412	62,127	128,507
125	0,887	2,596	5,561	10,041	20,117	34,864	54,958	113,679
150	0,802	2,348	5,031	9,084	18,199	31,541	49,720	102,843
175	0,737	2,158	4,622	8,347	16,721	28,979	45,682	94,491
200	0,685	2,005	4,295	7,756	15,538	26,929	42,450	87,807

El caudal viene expresado en kg/h

Longitud de cálculo

Cuando se trate de una instalación sencilla, puede calcularse la pérdida de carga por metro lineal (Δ_p/L_e) para el tramo más desfavorable, considerando este valor el mismo para todos los tramos.

Δ_p/L_e = Pérdida de carga admitida en el tramo/ Longitud equivalente del tramo

Pérdida de carga admitida

La pérdida de carga admitida en una instalación variará en función de la presión de garantía que se disponga en la salida de la llave de acometida, ya que en la llave de conexión de aparato siempre se dispondrá de una presión mínima requerida para el correcto funcionamiento de los aparatos a gas.

La pérdida de carga varía en función del tipo de edificio que alimenten como son fincas unifamiliares, fincas plurifamiliares o locales destinados a usos colectivos o comerciales.

También varía en función de la presión máxima de operación a la red a la que estén conectadas.

En caso de no conocer la presión en la acometida, **se pueden tomar las siguientes pérdidas de carga**:

Gas natural

Viviendas unifamiliares aisladas o adosadas conectadas a redes MOP > 0,4 bar.

- Instalación individual: pérdida de carga = 30 mm.c.d.a.

Fincas plurifamiliares con contadores centralizados conectadas a redes MOP> 0,4 bar.

- Instalación común: pérdida de carga = 250 mm.c.d.a.

- Instalación individual: pérdida de carga = 30 mm cda (excluido el contador).

Fincas plurifamiliares con contadores en vivienda conectadas a redes MOP > 0,4 bar.

- Instalación común: pérdida de carga = 250 mm.c.d.a.

- Instalación individual: pérdida de carga = 30 mm.c.d.a (excluido el contador).

Locales destinados a usos colectivos o comerciales a redes MOP > 0,4 bar.

- Instalación individual: pérdida de carga = 30 mm.c.d.a (excluido el contador) si el contador es igual o inferior a G-6, si es superior 24 mm.c.d.a.

Viviendas unifamiliares aisladas o adosadas conectadas a redes 0,05 < MOP ≤ 0,4.

- Instalación individual: pérdida de carga 0,5 < MOP ≤ 0,4 = 250 mm.c.d.a y MOP ≤ 0,05 = 30 mm.c.d.a (excluido el contador).

Fincas plurifamiliares con contadores centralizados conectadas a redes en 0,05 < MOP ≤ 0,4.

- Instalación común: pérdida de carga = 250 mm.c.d.a.

- Instalación individual: pérdida de carga = 30 mm.c.d.a (excluido el contador).

Fincas plurifamiliares con contadores en vivienda conectadas a redes 0,05 < MOP ≤0,04.

Instalación común: pérdida de carga = 250 mm.c.d.a.

Instalación individual: pérdida de carga = 30 mm.c.d.a. (excluido el contador).

Locales destinados a usos colectivos o comerciales a redes en 0,05 < MOP ≤ 0,04.

- Instalación individual: pérdida de carga 0,05 < MOP ≤ 0,4 = 250 mm.c.d.a. y MOP ≤0,05 = 20 mm.c.d.a. (excluido el contador) si el contador es igual o inferior a G-6, si es superior 14 mm.c.d.a.

Viviendas unifamiliares aisladas o adosadas conectadas a redes MOP ≤ 0,05.

- Instalación individual: pérdida de carga = 15 mm.c.d.a. (excluido el contador).

Fincas plurifamiliares con contadores centralizados conectadas a redes MOP ≤ 0,05.

- Instalación común: pérdida de carga = 5 mm.c.d.a.

- Instalación individual: pérdida de carga = 10 mm.c.d.a. (excluido el contador).

Fincas plurifamiliares con contadores en vivienda conectadas a redes MOP ≤ 0,05.

- Instalación común: pérdida de carga = 10 mm.c.d.a.

- Instalación individual: pérdida de carga = 5 mm.c.d.a. (excluido el contador).

Locales destinados a usos colectivos o comerciales a redes MOP ≤ 0,05.

- Instalación individual: pérdida de carga = 15 mm.c.d.a. (excluido el contador) si el contador es igual o inferior a G-6, si es superior 9 mm.c.d.a.

GLP

Propano y Butano:

- Usualmente el 25 % de la presión en los tramos de la instalación alimentadas 0,05 < MOP 5 y el 5% de la presión en los tramos alimentados a MOP ≤ 0,05

EJEMPLOS MÁS USUALES DE CÁLCULO DE INSTALACIONES DE GAS

A continuación se desarrollan diferentes ejemplos de cálculo de instalaciones receptoras para los diferentes tipos de gases.

EJEMPLO 1

Cálculo de una instalación receptora de gas natural conectada a una red de distribución alimentada a 23 mbar para una finca plurifamiliar con 5 viviendas ($S_2 = 0,67$), funcionando los aparatos a 19 mbar. Los contadores están centralizados en la azotea. La pérdida de carga del contador es de 0,5 mbar.

Cada vivienda está equipada con una cocina de 10 te/h, una caldera mixta de 24,4 kW y una secadora de 5 te/h.

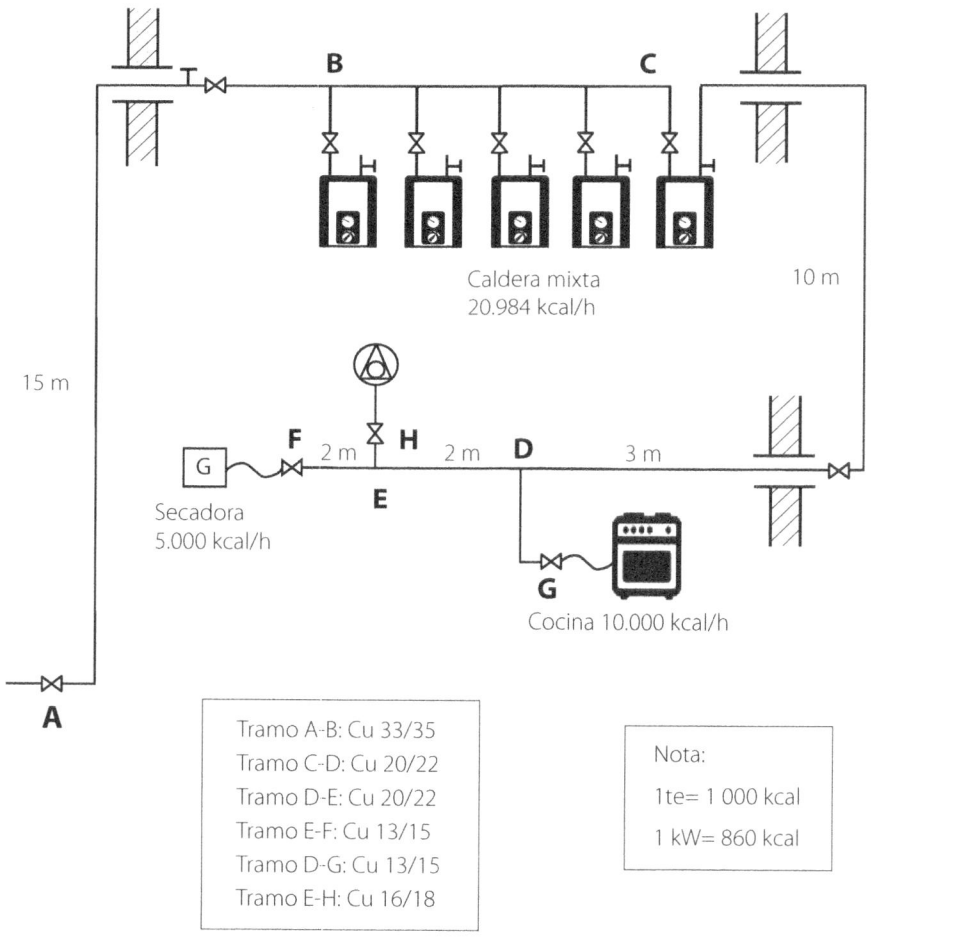

Caldera mixta
20.984 kcal/h

10 m

15 m

Secadora
5.000 kcal/h

Cocina 10.000 kcal/h

Tramo A-B: Cu 33/35
Tramo C-D: Cu 20/22
Tramo D-E: Cu 20/22
Tramo E-F: Cu 13/15
Tramo D-G: Cu 13/15
Tramo E-H: Cu 16/18

Nota:
1te= 1 000 kcal
1 kW= 860 kcal

$$Q_{si} = \frac{P_{si}}{H_s}$$

$$Q_{si(C-D)} = \frac{\left(20.984 + 10.000 + \dfrac{5.000}{2}\right) \cdot 1,10}{10.500} = 3,50 \, \frac{m^3}{h}$$

$$Q_{si(D-E)} = \frac{(20.984 + 5.000) \cdot 1,10}{10.500} = 2,72 \, \frac{m^3}{h}$$

$$Q_{si(E-F)} = \frac{5.000 \cdot 1,10}{10.500} = 0,52 \, \frac{m^3}{h}$$

$$Q_{si(D-G)} = \frac{10.000 \cdot 1,10}{10.500} = 1,04 \, \frac{m^3}{h}$$

$$Q_{si(E-H)} = \frac{20.984 \cdot 1,10}{10.500} = 2,19 \, \frac{m^3}{h}$$

$$Q_{sc} = Q_{si} \cdot N \cdot S_2$$

$$Q_{sc(A-B)} = 3,50 \cdot 5 \cdot 0,67 = 11,72 \, \frac{m^3}{h}$$

$$\frac{P_c}{L_e} = \frac{23 - 19 - 0,5}{32 \cdot 1,2} = \frac{3,5 \text{ mbar}}{38,4 \text{ m}} = \frac{35 \text{ mm.c.d.a}}{38,4 \text{ m}} = 0,91 \text{ mm.c.d.a / m}$$

EJEMPLO 2

Cálculo de una instalación receptora de gas natural conectada a una red de distribución alimentada a 20 mbar para una finca plurifamiliar con 6 viviendas, funcionando los aparatos a 18 mbar y estando los contadores en el interior de las viviendas. La pérdida de carga del contador es de 0,5 mbar.

Cada vivienda está equipada con una encimera de 5 te/h, una caldera mixta de 24 kW y una secadora de 4 te/h.

S_2 (6 viviendas) = 0,63

S_2 (4 viviendas) = 0,72

S_2 (2 viviendas) = 0,88

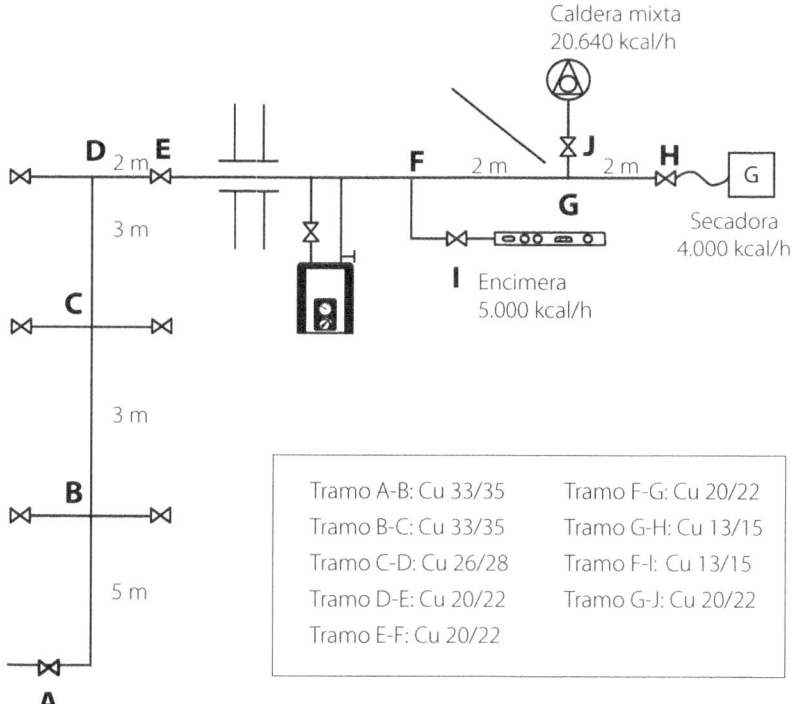

Caldera mixta
20.640 kcal/h

Secadora
4.000 kcal/h

Encimera
5.000 kcal/h

Tramo A-B: Cu 33/35	Tramo F-G: Cu 20/22
Tramo B-C: Cu 33/35	Tramo G-H: Cu 13/15
Tramo C-D: Cu 26/28	Tramo F-I: Cu 13/15
Tramo D-E: Cu 20/22	Tramo G-J: Cu 20/22
Tramo E-F: Cu 20/22	

$$Q_{si} = \frac{P_{si}}{H_s}$$

$$Q_{si(E-F)} = \frac{\left(20.640 + 5.000 + \dfrac{4.000}{2}\right) \cdot 1,10}{10.500} = 2,89 \frac{m^3}{h}$$

$$Q_{si(F-G)} = \frac{\left(20.640 + 4.000\right) \cdot 1,10}{10.500} = 2,58 \frac{m^3}{h}$$

$$Q_{si(G-H)} = \frac{4.000 \cdot 1,10}{10.500} = 0,41 \frac{m^3}{h}$$

$$Q_{si(F-I)} = \frac{5.000 \cdot 1,10}{10.500} = 0,52 \frac{m^3}{h}$$

$$Q_{si(G-J)} = \frac{20.640 \cdot 1,10}{10.500} = 2,16 \frac{m^3}{h}$$

$$Q_{sc} = Q_{si} \cdot N \cdot S_2$$

$$Q_{sc(A-B)} = 2,89 \cdot 6 \cdot 0,63 = 10,92 \frac{m^3}{h}$$

$$Q_{sc(B-C)} = 2,89 \cdot 4 \cdot 0,72 = 8,32 \frac{m^3}{h}$$

$$Q_{sc(C-D)} = 2,89 \cdot 2 \cdot 0,88 = 5,08 \frac{m^3}{h}$$

$$\frac{P_c}{L_e} = \frac{20 - 18 - 0,5}{20 \cdot 1,2} = \frac{1,5 \text{ mbar}}{24 \text{ m}} = \frac{15 \text{ mm.c.d.a}}{24 \text{ m}} = 0,62 \text{ mm.c.d.a / m}$$

EJEMPLO 3

Cálculo de una instalación receptora de gas natural conectada a una red de distribución alimentada a 1.000 mm.c.d.a. para una finca plurifamiliar con 5 viviendas (S_2 = 0,67). A cada contador se ha instalado un regulador, con salida a 22 mbar funcionando los aparatos a 18 mbar. Los contadores están centralizados en la azotea. La pérdida de carga del contador es de 0,5 mbar.

Cada vivienda está equipada con una encimera de 6 kW, una caldera mixta de 24,4 kW y una secadora de 5,5 kW.

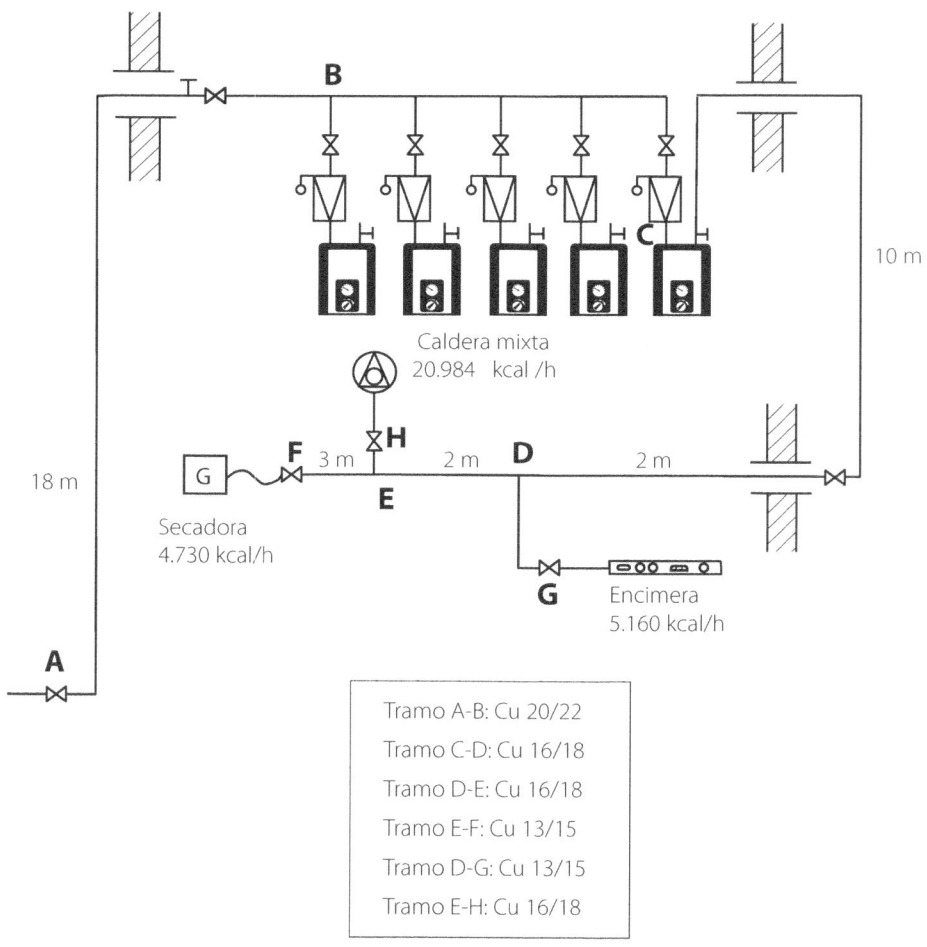

Caldera mixta
20.984 kcal /h

18 m

Secadora
4.730 kcal/h

Encimera
5.160 kcal/h

10 m

Tramo A-B: Cu 20/22

Tramo C-D: Cu 16/18

Tramo D-E: Cu 16/18

Tramo E-F: Cu 13/15

Tramo D-G: Cu 13/15

Tramo E-H: Cu 16/18

$$Q_{si} = \frac{P_{si}}{H_s}$$

$$Q_{si(C-D)} = \frac{\left(20.984 + 5.160 + \dfrac{4.730}{2}\right) \cdot 1,10}{10.500} = 2,98 \frac{m^3}{h}$$

$$Q_{si(D-E)} = \frac{\left(20.984 + 4.730\right) \cdot 1,10}{10.500} = 2,69 \frac{m^3}{h}$$

$$Q_{si(E-F)} = \frac{4.730 \cdot 1,10}{10.500} = 0,49 \frac{m^3}{h}$$

$$Q_{si(D-G)} = \frac{5.160 \cdot 1,10}{10.500} = 0,54 \frac{m^3}{h}$$

$$Q_{si(E-H)} = \frac{20.984 \cdot 1,10}{10.500} = 2,19 \frac{m^3}{h}$$

$$Q_{sc} = Q_{si} \cdot N \cdot S_2$$

$$Q_{sc(A-B)} = 2,98 \cdot 5 \cdot 0,67 = 9,98 \frac{m^3}{h}$$

Baja presión:

$$\frac{P_c}{L_e} = \frac{22 - 18 - 0,5}{17 \cdot 1,2} = \frac{3,5 \ mbar}{20,4 \ m} = \frac{35 \ mm.c.d.a}{20,4 \ m} = 1,71 \ mm.c.d.a / m$$

Media presión:

$$L_e = 18 \cdot 1,2 = 21,6 \ m$$

EJEMPLO 4

Cálculo de una instalación receptora de gas natural conectada a una red de distribución alimentada a 150 mbar para un restaurante.

El regulador se encuentra ubicado en la fachada al lado del contador. La presión de salida del regulador es de 22 mbar, funcionando los aparatos a 19 mbar. La pérdida de carga del contador es de 1,2 mbar. El restaurante está equipado con una cocina de 30 kW, una freidora de 8 kW y un calentador de 20.000 kcal/h.

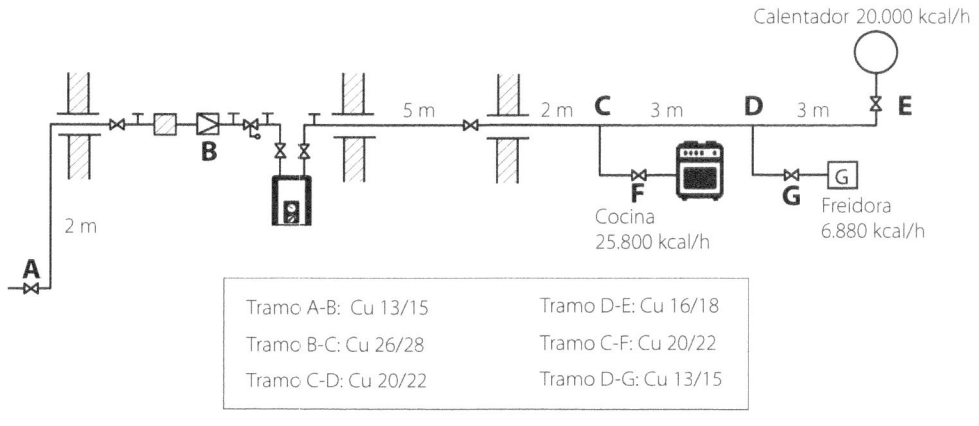

Tramo A-B: Cu 13/15	Tramo D-E: Cu 16/18
Tramo B-C: Cu 26/28	Tramo C-F: Cu 20/22
Tramo C-D: Cu 20/22	Tramo D-G: Cu 13/15

$$Q_{si(A-B)} = Q_{si(B-C)} = \frac{(25.800 + 6.880 + 20.000) \cdot 1,10}{10.500} = 5,51 \frac{m^3}{h}$$

$$Q_{si(C-D)} = \frac{(6.880 + 20.000) \cdot 1,10}{10.500} = 2,81 \frac{m^3}{h}$$

$$Q_{si(D-E)} = \frac{20.000 \cdot 1,10}{10.500} = 2,09 \frac{m^3}{h}$$

$$Q_{si(C-F)} = \frac{25.800 \cdot 1,10}{10.500} = 2,70 \frac{m^3}{h}$$

$$Q_{si(D-G)} = \frac{6.880 \cdot 1,10}{10.500} = 0,72 \frac{m^3}{h}$$

Baja presión:

$$\frac{P_c}{L_e} = \frac{22 - 19 - 1,2}{13 \cdot 1,2} = \frac{1,8 \text{ mbar}}{15,6 \text{ m}} = \frac{18 \text{ mm.c.d.a}}{15,6 \text{ m}} = 1,15 \text{ mm.c.d.a / m}$$

Media presión:

$$L_e = 2 \cdot 1,2 = 2,4 \text{ m}$$

EJEMPLO 5

Cálculo de una instalación receptora de gas propano de una caravana conectada a una batería de dos botellas UD-125 de descarga simultánea. Los reguladores se encuentran ubicados en las botellas.

La caravana está equipada con una encimera de 5 te/h y un calentador de 10 te/h.

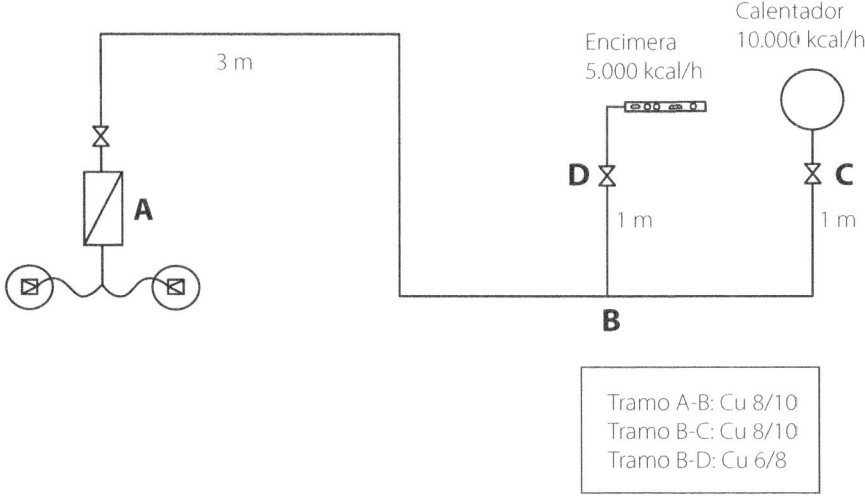

$$Q_{si} = \frac{P_{si}}{H_s}$$

$$Q_{si(A-B)} = \frac{(5.000 + 10.000) \cdot 1,10}{11.800} = 1,39 \frac{kg}{h}$$

$$Q_{si(B-C)} = \frac{10.000 \cdot 1,10}{11.800} = 0,93 \frac{kg}{h}$$

$$Q_{si(B-D)} = \frac{5.000 \cdot 1,10}{11.800} = 0,46 \frac{kg}{h}$$

$$\frac{P_c}{L_e} = \frac{35 - 30}{4 \cdot 1,2} = \frac{5 \text{ mbar}}{4,8 \text{ m}} = \frac{50 \text{ mm.c.d.a}}{4,8 \text{ m}} = 10,41 \text{ mm.c.d.a / m}$$

EJEMPLO 6

Cálculo de una instalación receptora de gas butano conectada a una batería de botellas UD-125 que alimenta a una vivienda unifamiliar. El regulador se encuentra ubicado junto a la batería de botellas, estas tienen instaladas un adaptador de salida libre. La presión de salida del regulador es de 37 g/cm², funcionando los aparatos a 28 g/cm².

El restaurante está equipado con una encimera de 5,8 kW funcionando 2 h/día, una calentador de 10 te/h funcionando 1,5 h/día y un aire acondicionado de 3,5 kW funcionando 5 h/día. La vaporización de las botellas es de vp = 1,25 kg/h.

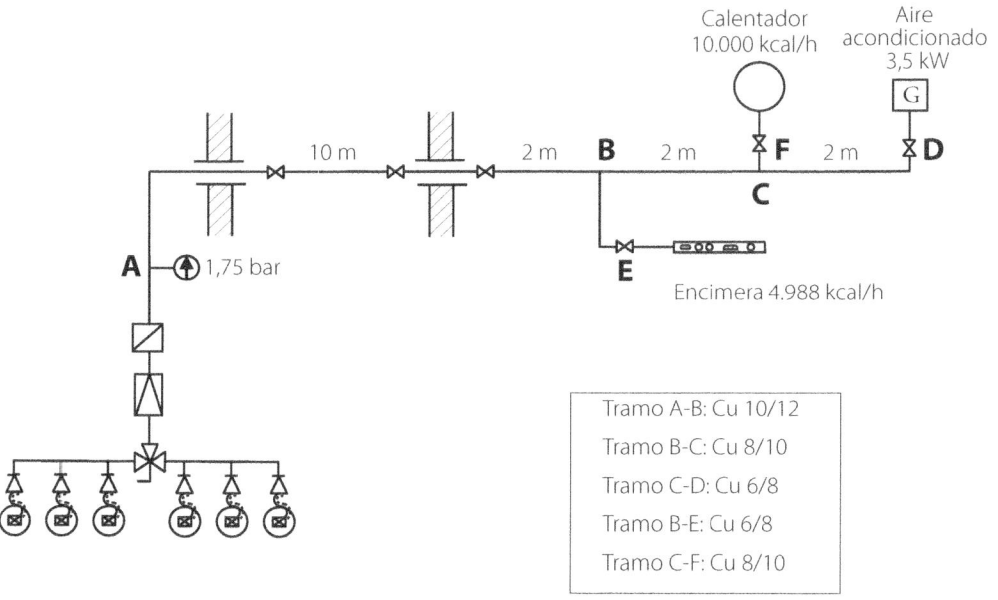

$$Q_{si} = \frac{P_{si}}{H_s}$$

$$Q_{si} = \frac{\left(10.000 + 4.988 + \dfrac{3.010}{2}\right) \cdot 1,10}{11.800} = 1,53\frac{kg}{h}$$

$$N = \frac{Q_{si}}{v_p} = \frac{1,53}{1,25} = 1,22\,(2 + 2)$$

$$Q_{si\ encimera} = \frac{4.988 \cdot 1,10}{11.800} = 0,46\frac{kg}{h} \cdot 2\frac{h}{día} = 0,92\frac{kg}{día}$$

$$Q_{si\ calentador} = \frac{10.000 \cdot 1,10}{11.800} = 0,93\frac{kg}{h} \cdot 1,5\frac{h}{día} = 1,39\frac{kg}{día}$$

$$Q_{si\ aire} = \frac{3.010 \cdot 1,10}{11.800} = 0,28\frac{kg}{h} \cdot 5\frac{h}{día} = 1,40\frac{kg}{día}$$

$$Q_t = 0,92 + 1,39 + 1,40 = 3,71\frac{kg}{día}$$

$$A = \frac{kg_{batería}}{Qt} = \frac{(2+2) \cdot 12,5}{3,71} = 13,47\ días$$

Garantizamos una autonomía mínima de 15 días.

$$A = \frac{kg_{batería}}{Q_t} = \frac{(3+3) \cdot 12,5}{3,71} = 20,21\ días$$

$$Q_{si(A-B)} = 1,53\frac{kg}{h}$$

$$Q_{si(B-C)} = \frac{(10.000 + 3.010) \cdot 1,10}{11.800} = 1,21\frac{kg}{h}$$

$$Q_{si(C-D)} = 0,28\frac{kg}{h}$$

$$Q_{si(B-E)} = 0,46\frac{kg}{h}$$

$$Q_{si(C-F)} = 0,93\frac{kg}{h}$$

EJEMPLO 7

Cálculo de una instalación receptora de gas propano conectada a una batería de botellas I-350 que alimenta una vivienda unifamiliar. Los reguladores se encuentran ubicados en los aparatos.

La vivienda unifamiliar está equipada con una cocina de 10 te/h funcionando 3 h/día, una caldera de 20 te/h funcionando 2 h/día y un calentador de 15 te/h funcionando 1,5 h/día.

La vaporización de las botellas es de vp = 0,85 kg/h.

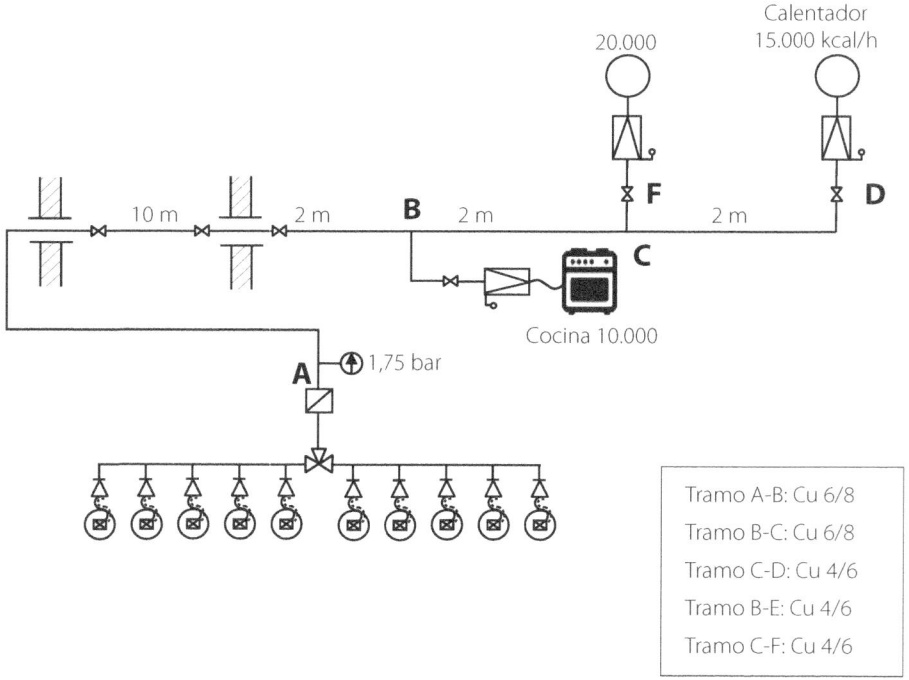

Tramo A-B: Cu 6/8
Tramo B-C: Cu 6/8
Tramo C-D: Cu 4/6
Tramo B-E: Cu 4/6
Tramo C-F: Cu 4/6

$$Q_{si} = \frac{P_{si}}{H_s}$$

$$Q_{si} = \frac{\left(20.000 + 15.000 + \dfrac{10.000}{2} \right) \cdot 1,10}{11.900} = 3,69 \ \frac{kg}{h}$$

$$N = \frac{Q_{si}}{v_p} = \frac{3,69}{0,85} = 4,34 \ (5 + 5)$$

$$Q_{si\ cocina} = \frac{10.000 \cdot 1,10}{11.900} = 0,92\ \frac{kg}{h} \cdot 3\ \frac{h}{día} = 2,76\ \frac{kg}{día}$$

$$Q_{si\ caldera} = \frac{20.000 \cdot 1,10}{11.900} = 1,84\ \frac{kg}{h} \cdot 2\ \frac{h}{día} = 3,68\ \frac{kg}{día}$$

$$Q_{si\ calentador} = \frac{15.000 \cdot 1,10}{11.900} = 1,38\ \frac{kg}{h} \cdot 1,5\ \frac{h}{día} = 2,07\ \frac{kg}{día}$$

$$Q_t = 2,76 + 3,68 + 2,07 = 8,51\ \frac{kg}{día}$$

$$A = \frac{kg_{batería}}{Qt} = \frac{(5+5) \cdot 35}{8,51} = 41,12\ días$$

$$Q_{si(A-B)} = 3,68\ \frac{kg}{h}$$

$$Q_{si(B-C)} = \frac{(20.000 + 15.000) \cdot 1,10}{11.900} = 3,23\ \frac{kg}{h}$$

$$Q_{si(C-D)} = \frac{15.000 \cdot 1,10}{11.900} = 1,38\ \frac{kg}{h}$$

$$Q_{si(B-E)} = \frac{10.000 \cdot 1,10}{11.900} = 0,92\ \frac{kg}{h}$$

$$Q_{si(C-F)} = \frac{20.000 \cdot 1,10}{11.900} = 1,84\ \frac{kg}{h}$$

Media presión:

$$L_e = 16 \cdot 1,2 = 19,2\ m$$

EJEMPLO 8

Cálculo de una instalación receptora de gas propano conectada a una batería de botellas I-350 que alimenta un restaurante. El único regulador se encuentra ubicado en el interior del restaurante junto a la pared del cerramiento. La presión de salida del regulador es de 39 mbar, funcionando los aparatos a 37 mbar.

El restaurante está equipado con una cocina de 30 kW funcionando 6 h/día, una freidora de 15 kW funcionando 5 h/día, una plancha de 10 kW funcionando 4 h/día y un calentador de 125 nte/min con un rendimiento del 75 % funcionando 3 h/día.

La vaporización de las botellas es de vp = 1,25 kg/h.

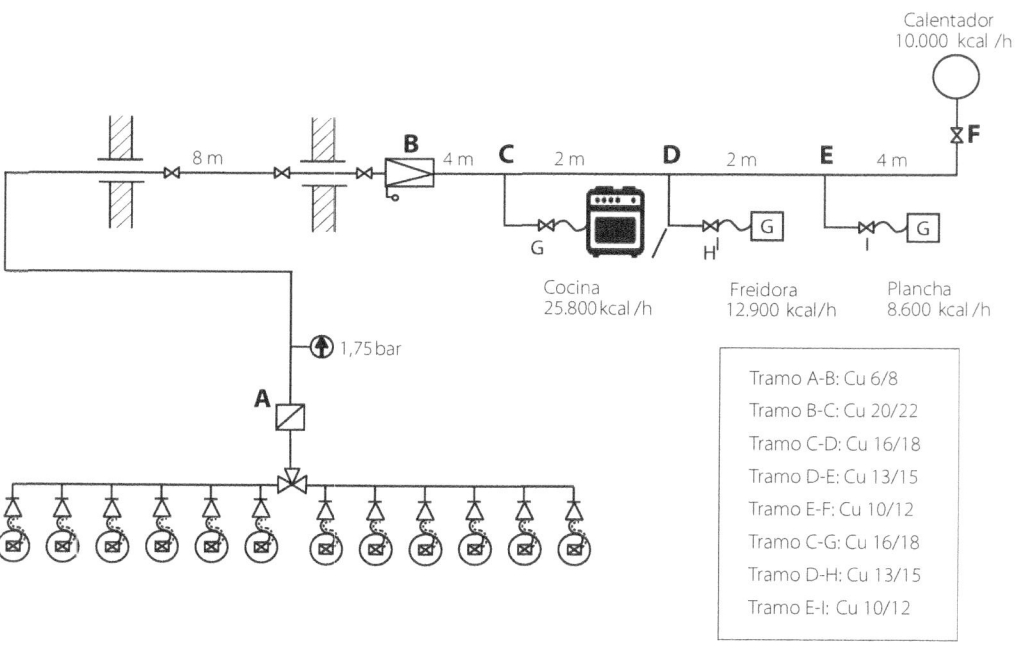

Tramo A-B: Cu 6/8
Tramo B-C: Cu 20/22
Tramo C-D: Cu 16/18
Tramo D-E: Cu 13/15
Tramo E-F: Cu 10/12
Tramo C-G: Cu 16/18
Tramo D-H: Cu 13/15
Tramo E-I: Cu 10/12

$$Q_{si} = \frac{P_{si}}{H_s}$$

$$Q_{si} = \frac{(25.800 + 12.900 + 8.600 + 10.000) \cdot 1{,}10}{11.900} = 5{,}29 \, \frac{kg}{h}$$

$$N = \frac{Q_{si}}{v_p} = \frac{5{,}29}{1{,}25} = 4{,}23 \, (5 + 5)$$

$$Q_{si\ cocina} = \frac{25.800 \cdot 1,10}{11.900} = 2,38\frac{kg}{h} \cdot 6\frac{h}{día} = 14,28\ \frac{kg}{día}$$

$$Q_{si\ freidora} = \frac{12.900 \cdot 1,10}{11.900} = 1,19\frac{kg}{h} \cdot 5\frac{h}{día} = 5,95\ \frac{kg}{día}$$

$$Q_{si\ plancha} = \frac{8.600 \cdot 1,10}{11.900} = 0,79\ \frac{kg}{h} \cdot 4\frac{h}{día} = 3,16\ \frac{kg}{día}$$

$$Q_{si\ calentador} = \frac{10.000 \cdot 1,10}{11.900} = 0,92\frac{kg}{h} \cdot 3\frac{h}{día} = 2,76\ \frac{kg}{día}$$

$$Q_t = 14,28 + 5,95 + 3,16 + 2,76 = 26,15\ \frac{kg}{día}$$

$$A = \frac{kg_{\ batería}}{Q_t} = \frac{(5+5)\cdot 35}{26,15} = 13,38\ días$$

Garantizamos una autonomía mínima de 15 días.

$$A = \frac{kg_{\ batería}}{Q_t} = \frac{(6+6)\cdot 35}{26,15} = 16,06\ días$$

$$Q_{si(A-B)} = Q_{si(B-C)} = 5,29\frac{kg}{h}$$

$$Q_{si(C-D)} = \frac{(12.900 + 8.600 + 10.000) \cdot 1,10}{11.900} = 2,91\ \frac{kg}{h}$$

$$Q_{si(D-E)} = \frac{(8.600 + 10.000) \cdot 1,10}{11.900} = 1,71\ \frac{kg}{h}$$

$$Q_{si(E\text{-}F)} = \frac{10.000 \cdot 1,10}{11.900} = 0,92 \frac{kg}{h}$$

$$Q_{si(C\text{-}G)} = \frac{25.800 \cdot 1,10}{11.900} = 2,38 \frac{kg}{h}$$

$$Q_{si(D\text{-}H)} = \frac{12.900 \cdot 1,10}{11.900} = 1,19 \frac{kg}{h}$$

$$Q_{si(E\text{-}I)} = \frac{8.600 \cdot 1,10}{11.900} = 0,79 \frac{kg}{h}$$

Baja presión:

$$\frac{P_c}{L_e} = \frac{39 - 37}{12 \cdot 1,2} = \frac{2 \text{ mbar}}{14,4 \text{ m}} = \frac{20 \text{ mm.c.d.a}}{14,4 \text{ m}} = 1,38 \text{ mm.c.d.a / m}$$

Media presión:

$$L_e = 8 \cdot 1,2 = 9,6 \text{ m}$$

cano pina es una editorial
dedicada al
libro técnico y formativo

www.canonopina.com

ediciones@canopina.com